鹿児島大学島嶼研ブックレット

12

TOUSHOKEN BOOKLE

エビ・ヤドカリ・カニから鹿児島を見る

鈴木廣志

Suzuki Hiroshi

●目次●

エビ・ヤドカリ・カニから鹿児島を見る

Crustacean decapods in Kagoshima

SUZUKI Hiroshi

Ⅰ　はじめに

鹿児島県は薩摩半島、大隅半島に連なる大隅諸島、吐噶喇列島、奄美群島という南西諸島の半分を構成する島々を持つ南北約六〇〇kmの長さがあり、緯度では約五度の広がりを持っていて亜熱帯から温帯の気候下にあります。さらに桜島をはじめとする有人無人の七つの火山島もあります。このように鹿児島県は、気候、地形、地質などの点で変化に富んでおり、これらの自然環境の変化に呼応するように生物相も変化に富んでいるのです。

エビ・ヤドカリ・カニ（総称して大型甲殻十脚類と言います）は深海から浅海、潮間帯、淡水域・陸水域、そして陸域とその生息域はとても広いのです。ジャマイカの熱帯雨林に生息するブロメリアガニなどはパイナップルの仲間であるブロメリアの葉軸に溜まるわずかな水たまりの中で一生を過ごしています。これら多様な生息域を持つ大型甲殻十脚類は、反面、海域で成育するプランクトン幼生という共通点を多くの種で持っています。これらの種ではプランクトン幼生の行き着く先は海流などの海況に大きく影響されます。また、定着した場所の気候や地形などは定着後の成長や生残に強く影響し、その結果として各種の生息分布が決まってきます。

ところで、カニ類の進化は、浅海域から始まり一つは深海へ、もう一つは潮下帯、潮間帯、陸水・陸域へと進んだというのが主流の考え方で、陸水域に進出した種では陸水域でその生活史を完結する純淡水種が出現しました。その結果、彼らの成長や生残は陸水・陸域の気候や地形にも強く影響される事となりました。従って、ある地域の特徴を知ろうとする場合、そこに生息する生物群の生息分布状況を把握することは一つの良い方法と考えられています。特に海域とは連続していますが、環境的に不連続になる陸水域、陸域、潮上帯（飛沫帯）、潮間帯（干潟や岩礁）、火山性噴気の噴出する地域、隆起サンゴ礁に由来する洞窟などに生息する種の組成や分布は、その地域の地史、地形、気候などを総合的に反映し、地域の特徴を理解するのに役立つと考えられています。そこで本ブックレットでは大型甲殻十脚類の海域を除いたこれらの地域における種組成、分布様式を通して鹿児島県の特徴を解説することにしました。

II　鹿児島の生物地理、地形（火山を含む）、気候

鹿児島県の地理的特徴の一つは、前述したように南西諸島の一部を形成する島々を持つことです。この南西諸島はユーラシア大陸の東側縁辺に位置するために、生物地理学的にとても興味あ

る地域で、本地域には生物地理区の旧北区と東洋区の境界線が認められ、昆虫類の分布から設定された三宅線が大隅海峡に、ほ乳類、爬虫類、両生類の分布から設定された渡瀬《わたせ》線がトカラ海峡に、そして、鳥類相によって宮古海峡に蜂須賀《はちすか》線が設定されています（図1、安間　二〇〇一）。この南西諸島の島々では、一、二の大きさを競う

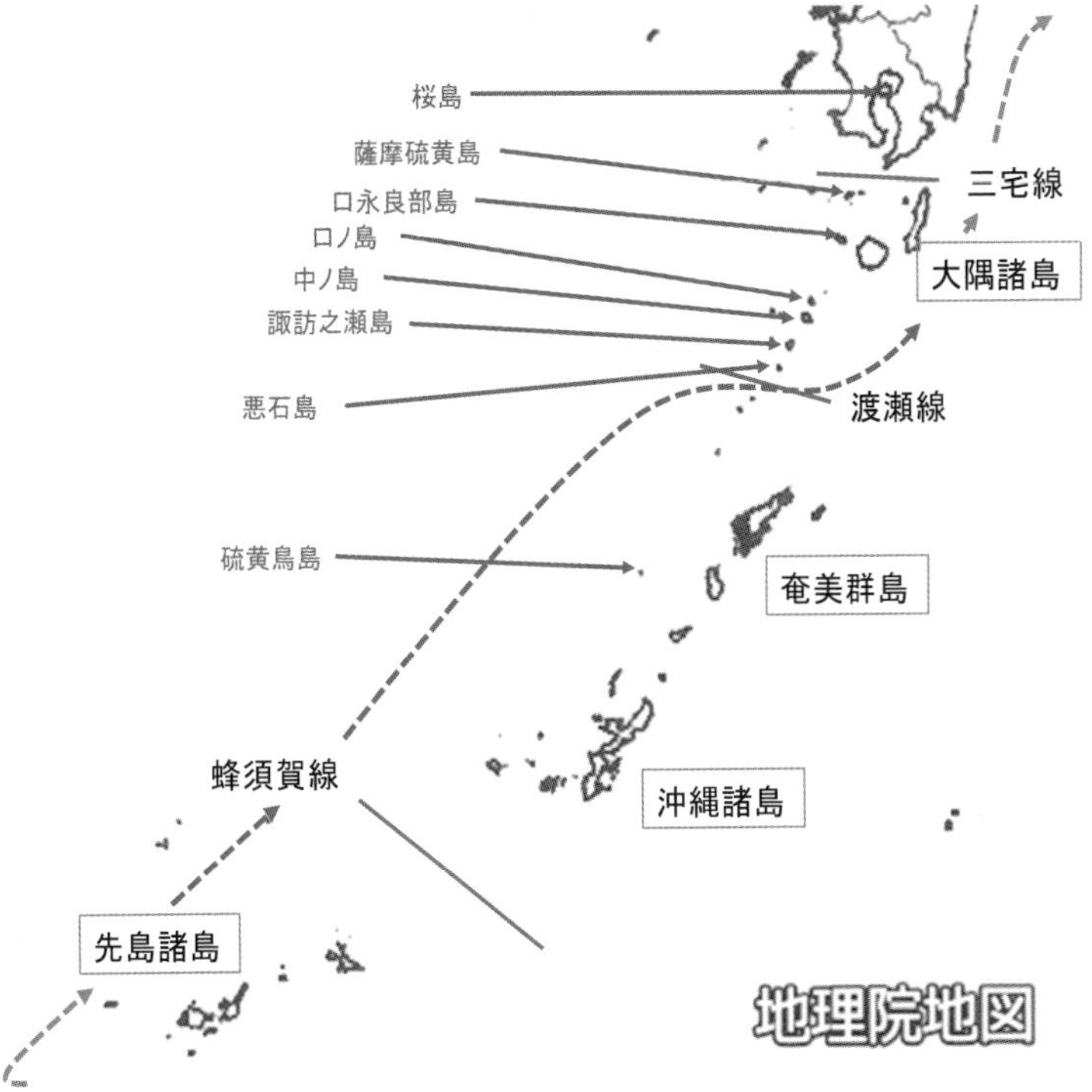

図1　九州島及び南西諸島を構成する各島嶼並びに各生物地理学的境界線の位置。矢印の島は現在も活動している火山島を示し、破線矢印は黒潮の主な流路を示す。なお、基にした白地図は国土地理院の地図を利用した。

沖縄島（約一二〇〇㎢）や奄美大島（約七二〇㎢）ですら普通の意味での「湖」がありません。同時に、流程の長い河川もなく、湧水池を除いて止水域や止水域に準ずる緩やかな流れの水域がほとんどない地域でもあります。一方で、小宝島、宝島、喜界島、徳之島の東部南部西部の海岸地域、沖永良部島や与論島のように基盤地質が琉球層群という隆起サンゴ礁の島々には地下水系や鍾乳洞、その出口としての湧水池や洞窟などが発達しています。また、桜島を初め、薩摩硫黄島、口永良部島、口之島、中之島、諏訪之瀬島、悪石島と霧島火山帯に属する火山島があり、その周辺では海底のいたる所から火山性噴気の噴出がみられます。

海況に目を移すと、南西諸島に沿うように、北赤道海流を起源とする黒潮が沖縄と台湾の間から東シナ海に入り、南西諸島の西側（東シナ海側）を北上した後、トカラ海峡付近で東向きに転じ、大隅諸島の東側（太平洋側）を北上しています。この黒潮は隣接する島嶼の気候に強く影響していることは言うまでもありません。

III　生物の呼び名と生息場、生活様式

生息範囲が広い大型甲殻十脚類には種名の他に、「陸産」、「海産」などの生息場を冠した呼び

名があります。これは成体の生息している場所を基にしてつけられた呼び名で、彼らのほとんどがその生活史において海で生活するプランクトン幼生を持つことを考慮すると、その生活史の特性を連想させるのに有効な呼び名となっています。大型甲殻十脚類の生息場は陸域と水域そして両地域の間にある移行部分に大別されます。

「陸域」とは、私たちも生活している陸地のことで、基本的には水域の影響を直接受けない場所です。この陸域の内、河川河口域や干潟の後背地には湿地帯、土手、クリークなどが形成されます。底質は干潟や河口域とは違い泥や粘土が主となり、比較的固い状態を示します。この後背地は湿潤で、葦原や草原が広がります。その意味では後背地は純粋に陸域とは言い難いのですが、多くの生物の生息場としてこの地域までを陸域と認識し、この地域に生息する生物を「陸産」あるいは「陸生」と呼び習わしています。人によっては湿潤な後背地に生息する種を「半陸産」「半陸生」と呼ぶ人もいます。

陸域と水域への移行部分と接する陸域最下部の場所が「潮上帯」と呼ばれるところで、近年は海水のしぶき、飛沫の届く場所という意味の「飛沫帯」と呼ばれることが多くなりました。砂浜あるいは岩礁と植生帯との間に位置する場所で、比較的乾燥の進んだ陸域で、この地域に生息する種も「陸産」「陸生」と呼びます。

移行部分としては「潮間帯」があげられます。大潮の最高満潮線と最低干潮線の間を「潮間帯」と呼び、一日に二回は水が引いて陸地となり空気にさらされます。これを干出と呼びますが、この潮間帯に生息する生物にとっては、干出のたびに乾燥と温度や塩分の変化に曝される過酷な環境です。この潮間帯は時間軸で考えると、半分は陸域、半分は水域になるので、ここに生息する種が正真正銘の「半陸産」「半陸生」です。

「水域」には「淡水域」、「海水域」、「汽水域」、「陸水域」があります。ちなみに、陸水と海水を区別する時と、淡水と海水を区別する時には、区別する基準が全く違い、前者は水のある場所(地理的)に基づいていて、後者は水の性質(水質)、特に塩分に基づいて区別しています。

つまり、「陸水」とは、地図上で海岸線を全て結んだとき、この線よりも陸側(内側)に位置する水のことを指します。「陸水に対する海水」を指すときにはこの線の海側(外側)に位置する水を指します。一方、「淡水」は塩分が極めて少ない水(塩分〇・五 PSU 以下)のことで、真水とも呼ばれます。「淡水に対する海水」を指すときには塩分が概ね三四 PSU(一ℓの真水に三四 gの塩分が溶け込んでいる状態)以上の水のことを指します。ちなみに黒潮の海水の塩分は三四・五 PSU 程度です。そして、この二つの水塊の間には「汽水」があります。「汽水」は塩分が概ね一～三三 PSU の範囲にある水のことで、淡水と海水が混ざった水のことです。従って、水質を念頭に考えるときには「淡水産」「汽水産」「海（水）産」と呼び、場所を念頭に考えるときには「陸水産」「海（水）産」と呼ぶので、混乱が生じないように自分がどちらの基準で考えているのかを常に意識する必要があります。

そのほかの生息場としては、「地下水系」や「洞窟」があります。琉球層群が基盤地質となっている島嶼で、基盤の石灰岩（サンゴ礁）が雨水の浸透により削られ、複雑な鍾乳洞や暗川《くらごー》を地下に形成します。これらの生息場を総称して「地下水系」と呼びます。また、地下水系が地表に現れる場所には洞窟や多くの湧水池が形成されます。一方、隆起あるいは沈降などの地殻変動により海岸線に作られた洞窟では、干満による海水の流入と雨水の浸透や地下水の流れ込みにより形成される汽水域があります。言わば地下の汽水域で、これをアンキアラインと呼びます。これらの地域に生息する種を「洞窟性」あるいは「地下水系産」と呼んでいます。

さらに、鹿児島では七つの火山島があり、その周辺海域では火山性噴気が常時噴出しています。この海域に潜って観察すると、あたかも水が沸騰しているように見えることから、これらの海域を「たぎり」と呼んでいます。この「たぎり」に生息する種を一部では「たぎり産」と呼んでいます。

話は少し変わりますが、陸水産の種はその生活様式からさらに二つの呼び名を持っています。すなわち、生活史の全部（孵化から死亡まで）を淡水域で完結しているものを「純淡水種」と呼び、生活史のなかで淡水域と海水域の両域を必ず使う種、例えばモクズガニのようにプランクトン幼生期に海域で成育し、メガロパ期（メガロパ期とは、大型甲殻十脚類における発育段階の一つで、稚エビ、稚ヤドカリや稚ガニの直前の段階を指します。泳いだり歩いたりして移動します）に汽水から淡水域に戻ってきて、以後、成熟するまで淡水域で過ごす種を（その逆の生活史を示す種も含めて）「通し回遊種」と呼びます。最近の書籍などでは、「純淡水種」を「陸封種」と書いているものを見ることがありますが、これは正確でないと思います。「陸封種」とは本来「通し回遊種」が、土砂の流れ込みや人口の構築物などで河川が一時的にせき止められ陸水域に閉じ込められた時に、その陸水域で生活史を完結できる種を指していて、この陸封種は障壁が取り除かれた時には、再び「通し回遊種」に戻るものを指しています。従って障壁が無いのに生活史を陸水域・淡水域で完結している種はやはり「純淡水種」と呼ぶべきであると考えます。

Ⅳ　陸域（内陸部・後背地・潮上（飛沫）帯）と潮間帯の大型甲殻十脚類

1　内陸部・後背地の大型甲殻十脚類

九州島の薩摩半島や大隅半島及びその以北のいわゆる鹿児島県本土の内陸部には、次項で述べる後背地に生息する大型甲殻十脚類が生息します。一方、南西諸島を構成する島嶼の内陸部には主としてオカヤドカリ類、オカガニ類及びカクレイワガニ類が生息します。沖縄諸島以南の島嶼では、一部のサワガニ類も陸生生活に適応して生息しています。

飛沫帯やその後背に位置するココヤシやアダンの茂みなどの植生帯には、ヤシガニ、ある程度成長したナキオカヤドカリやムラサキオカヤドカリ、オオナキオカヤドカリが生息しています。また、内湾や河口域にはコムラサキオカヤドカリがいて、内陸部の畑地や人家があるところでは、大型のムラサキオカヤドカリやオカヤドカリが生息します。ヤシガニは大型の種で貝殻を背負わないヤドカリとして多くの人に知られています。また、南の島嶼では食用にされていたため現在ではその生息数がかなり減少していると言われています。オカヤドカリ類は本邦には六～七種い

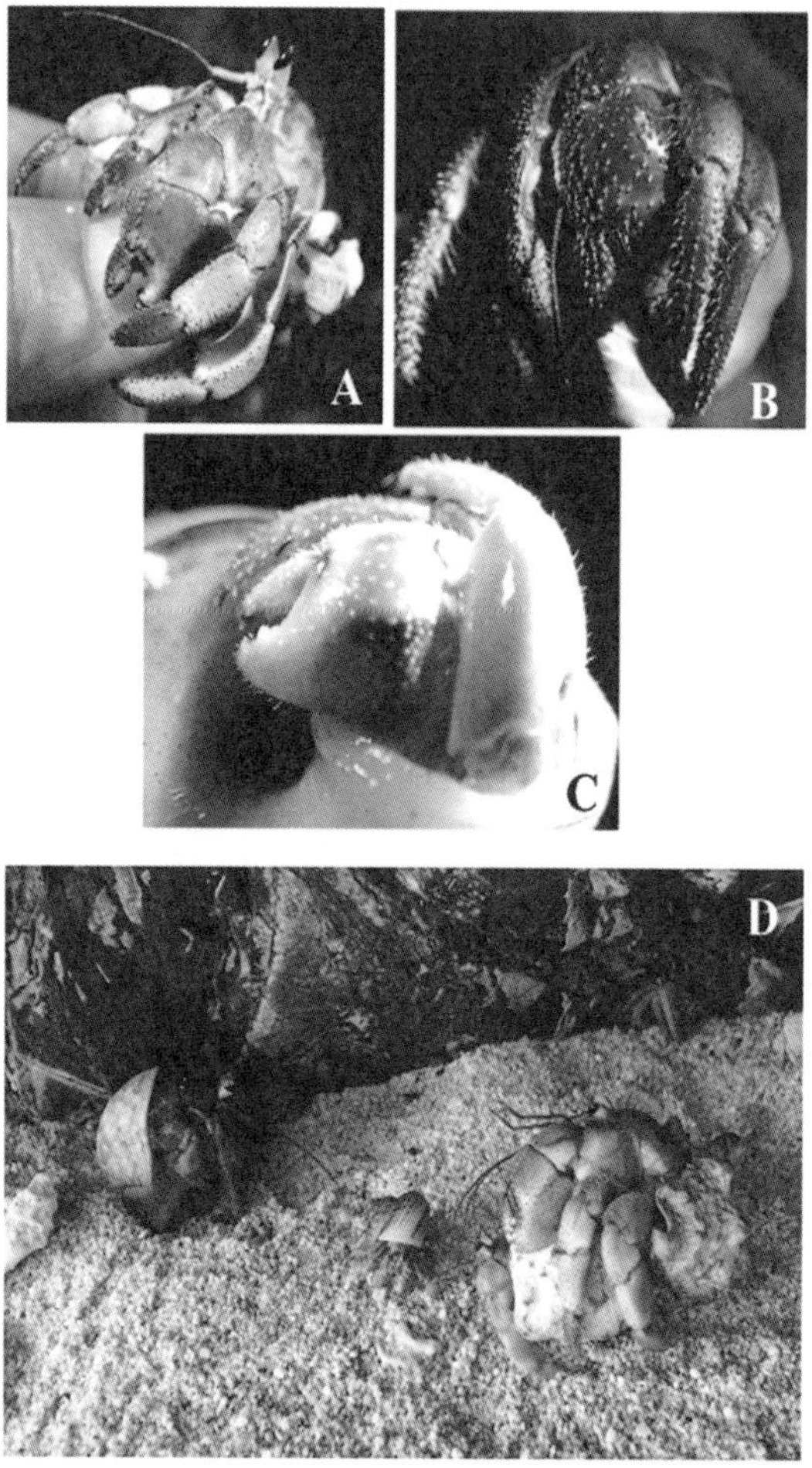

図 2　陸域の大型甲殻十脚類 - 1。A ムラサキオカヤドカリ、B コムラサキオカヤドカリ、C ナキオカヤドカリの大鉗脚、D 海産の貝殻を利用する左右のオカヤドカリ類と陸産の貝殻を利用するオカヤドカリ類（中央）。

るとされていますが、種の区別は大きいハサミ（大鉗脚《かんきゃく》）の背面に短毛が密生するか、斜めにならんだ顆粒があるか、表面に顆粒が散在するか、あるいは第五胸脚《きょうきゃく》の底節にある突起の形態などで区別されます（図2A～2C）。

彼らが利用している貝殻を見ると、アマオブネガイやサザエなどの海生貝類の貝殻もありますが、大型の個体になると陸生マイマイの貝殻を利用する個体も目立ちます（図2D）。人為汚染の影響か時にはプラスチックキャップを利用していることもあります。オカヤドカリ類は日中の日差しが強く気温が高い時間帯には、岩陰、岩の亀裂やアダン林中の落ち葉などの湿り気がある日陰に身を隠しています。また、大型のオカヤドカリやヤシガニなどは土中に巣穴を掘って昼間は巣穴内にじっとしています。日が陰り、気温も下がると岩陰や草陰、あるいは巣穴から出てきて摂餌や水分補給をします。オカヤドカリ類は雑食で、熟したアダンの実や動物の死骸などを食べますが、畑地などに堆肥として捨てられた残飯なども食べます。

海岸線や防波堤の内側、あるいは人家近くの内陸部ではオカガニ類とカクレイワガニ類も生息していて、海岸に比較的近い地域にはムラサキオカガニ、ヘリトリオカガニ、ヒメオカガニのオカガニ類とカクレイワガニ、アカカクレイワガニ及びオオカクレイワガニのカクレイワガニ類三種が生息しています。さらに内陸部に入るとオカガニやオカガニ類中最大のミナミオカガニなど

図3　陸域の大型甲殻十脚類 - 2。A　斜め前方から見たオカガニ。口の両外側に短毛が密生する、B　オカガニの背面、C カクレイワガニ、D オオカクレイワガニ、E アカカクレイワガニの稚ガニ、F ヤエヤマヤマガニ。

が生息しています。オカガニ類三種は口の両外側に短毛を密生させていることで他種と容易に区別できます（図3A、3B）。また、カクレイワガニ類は鉗脚の長節内縁に顕著な葉状突起を持っていることで区別できます（図3C、3D、3E）。

彼らは樹木の根元や隆起礁原の間隙などを利用しながら、土中に巣穴を掘って穴居生活を送っています。繁殖期になると卵を抱えたメスが大挙して海岸線に向かい、海水中に潜って放幼することが知られています。オーストラリア領のクリスマス島では、オカガニ類の *Gecarcoidea natalis*（通称アカガニ）が繁殖期になると大挙して人家の存在もかまわず海岸まで移動することで有名です。彼らの食性も雑食で、動物の死骸から植物の種子まで幅広く食すことが知られています。この雑食性が植物の種子散布に貢献する可能性が報告されています（Lee 1985, O' Dowd and Lake 1991, Capistran-Barradas *et al.* 2006）。日本においては、オカガニ類による種子散布の研究はまだ行われていませんが、後述する半陸生のアカテガニ、ベンケイガニ、及びクロベンケイガニがこの種子散布に貢献している可能性が報告されています（伊藤ほか　二〇一一）。

沖縄島固有種のヒメユリサワガニはサワガニ類中最も陸域に適応した種で、洞窟や山間部、そして乾燥した頂上部などに生息します。甲幅約三五㎜で、甲表面は概ね滑らかで、甲背はよく膨らみ、前側縁に沿って稜線が見られますが途中で不明瞭になります。鉗脚や歩脚《ほきゃく》が著しく細長いので、この点で他種とは容易に区別できます。ヒメユリサワガニよりも湿潤な陸域に生息する種としては、オキナワオオサワガニ、イヘヤオオサワガニ、クメジマオオサワガニ、トカシキオオサワガニ、ヤエヤマヤマガニがいます。これら五種は河川上流域・中流域の周辺や湿地帯に穴居生活しています。前四種は、名前の通り甲幅四五㎜～六五㎜に達する大型の種で、甲表面は滑らかで、甲背はよく膨らみ、前側縁も強く張り出しています。種の区別はオスの第一腹肢(交接突起)の形状で行います。これら四種はそれぞれ、沖縄島、伊平屋島、久米島、渡嘉敷島に固有の種です。ヤエヤマヤマガニは（図3F）、甲幅四〇㎜弱の種で、アマミミナミサワガニに似て甲は丸みを帯び、甲背はよく膨らみ、滑らかです。前側縁の眼窩外歯の後方には明瞭な歯が一個あります。石垣島及び西表島に生息しています。

河口域や干潟の後背地には湿地帯、土手、クリークなどがあります。この一帯は必ずしも海水の影響を直接受けるわけではありませんが、海が荒れたりすれば飛沫や時に波に洗われることがあります。底質は干潟や河口域とは違い泥や粘土が主で、比較的固い状態にあります。この後背地（鹿児島県本土ではさらにその内陸部）には穴居性のベンケイガニ（図4A）、クロベンケイガニ（図4B）、アカテガニ（図4C）、フタバカクガニ（図4D）、リュウキュウアカテガニ、ヒメアシハラガニモドキ（図4E）（後二種は県本土では生息していません）などのベンケイガニ類や、ア

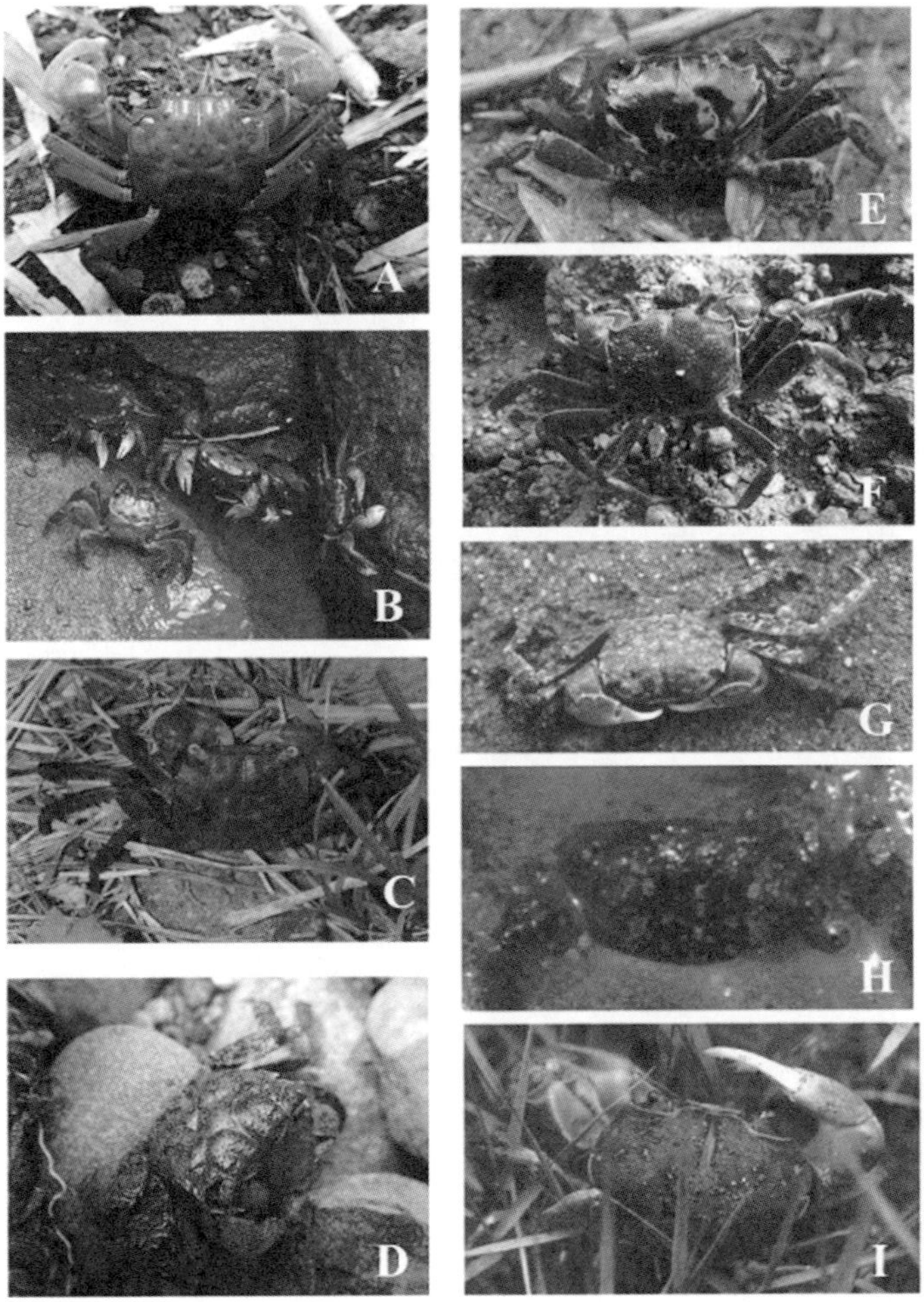

図４　陸域・半陸域の大型甲殻十脚類。A ベンケイガニ、B クロベンケイガニ、C アカテガニ、D フタバカクガニ、E ヒメアシハラガニモドキ、F アシハラガニ、G ヒメアシハラガニ、H ミナミアシハラガニ、I ハマガニ。

シハラガニ（図4F）、ヒメアシハラガニ（図4G）、ミナミアシハラガニ（図4H）、ハマガニ（図4I）などのモクズガニ類などが生息しています（鈴木二〇〇二）。

土手や護岸のくぼみや草本の影などを静かに観察していると、甲が赤いベンケイガニや赤や緑色をしたアカテガニ、リュウキュウアカテガニを見つけることができます。前側縁に眼窩外歯と合わせて二歯あるのがベンケイガニで、アカテガニ、リュウキュウアカテガニの前側縁には歯がありません。また、クロベンケイガニはベンケイガニやアカテガニ類よりも少し大きく、甲が赤紫色を帯びた褐色あるいはより暗色です。後背地に多く見られる三種（アカテガニ、クロベンケイガニ及びベンケイガニ）は土手や陸地に巣穴を造ってその中で生活します。アカテガニの巣穴は出入口が一つで、深さ一五㎝程度の扁平なとっくり型をしています。巣穴造りはそれほど積極的なものではなく、他の個体や他の種が作った穴を利用する事も多いです。冬にはこの巣穴内であまり活動せずに冬眠状態になります。クロベンケイガニの巣穴は深さ六〇㎝に達し入口が一つで、J字型、屈曲型、枝分かれした屈曲型とバラエティに富んでいます。また、巣穴を作るために掘り出された泥は砂団子のような一定の形にならず、入口の一方あるいは周囲に塔状に積み重ねられています。ベンケイガニの巣穴については残念ながらあまり分かっていません。これら三種の住み場所は少しずつ違っていて、アカテガニは海辺から河川のかなり上流域まで生息し、陸域の高いところに巣穴を作ります。クロベンケイガニは海辺から河川中流域まで分布し、アカテガニよりやや低地に生息します。水田にも侵入することがあります。ベンケイガニは、河口域の狭いところではクロベンケイガニと混生しますが、クロベンケイガニより高いところに生息します。反面、アカテガニほど高所には生息しません。また、クロベンケイガニよりも河川上流域に生息する傾向があり、さらにアカテガニよりも水辺や水中に生息する傾向があります。

さて、河口域に隣接する陸域の比較的乾いた石垣や岩壁などの隙間や転石の下を探してみると、甲が淡い黄色あるいは青色の地に、黒色の小点が集まって不定形の斑紋を形成し、ハサミ脚が黄色を帯びた、甲幅二三㎜程度のカニを見つけることができます。これはフタバカクガニで、このカニの甲は四角形で、額域は下方に強く曲り、前側縁には眼窩外歯を含めて二個の鋭い歯がありまず。ハサミ脚の指節（ハサミの動く方）の上縁には一三個の顆粒が等間隔で並んでいます。食性は雑食性で、土手に生えている草本などによじ登り昆虫なども捕食します。アカテガニに次いで高いところに登る習性が見られます。

後背地には、葦原や草原が広がっていますが、この地帯を観察するといたるところに穴が作られていることに気づきます。この穴は、モクズガニ科のアシハラガニ類やハマガニ類、あるいはベンケイガニ科のアシハラガニモドキ類の巣穴です。アシハラガニ類の眼窩下縁の上面には複数の顆粒が並び、発音器と言われています。この発音器の形や数は種や亜種の区別に用いられ、その使い方も種によって異なっていて、アシハラガニ類は発音器とハサミ脚の長節内側面の末縁にある隆起（摩擦器と呼ばれます）とをすりあわせて音を出します。ヒメアシハラガニやミナミアシハラガニは第一〜四歩脚の前縁に短毛が密生していることでアシハラガニと区別することができます。アシハラガニモドキ属のヒメアシハラガニモドキは二〇〇四年に初めて奄美大島から報告され（鈴木ほか　二〇一六、野元・和田　二〇〇四）、本種の分布北限が奄美大島であることがわかりました。本種は甲幅二五㎜程度で、甲の背面は紫がかった暗色で、後半部に白い斑紋があります。ハサミ脚は腕節《わんせつ》からハサミ部にかけて鮮やかな赤色を呈します。日本に広く分布するハマガニは甲幅四五㎜前後で、甲の背面は明瞭な溝により区分されていて、特に正中線前半の溝は深く幅が広いです。甲全体が赤紫色をしており、前縁や前側縁は鮮紅色で縁取られ綺麗な色彩を呈します。

カニ類は成長するために脱皮をしなければなりませんが、脱皮後に甲を固くするためにカルシウムを必要とします。後背地の陸域に生息するカニ類は、簡単にカルシウムを得られないので、カニたちはいろいろな工夫をしています。例えば、アカテガニはザリガニ同様、脱皮期には胃石《いせき》を作り、そこにカルシウムを蓄積し、脱皮後に利用します。一方、クロベンケイガニはアカテガニとは異なり、脱皮前にはカルシウムは血液中に蓄積されます。そのため、残酷ですが、脱皮直後の軟らかい甲をつぶすと白色の粘液がでてきます。

2　潮上（飛沫）帯の大型甲殻十脚類

鹿児島県本土の飛沫帯に出現する種は、後背地やその内陸部に生息する種と同一でしたが、島嶼の出現種の中には、環境省ならびに沖縄県や鹿児島県において絶滅危惧種あるいは準絶滅危惧種に指定されているムラサキオカガニ（図5A）やヒメケフサイソガニをはじめ、オオナキオカヤドカリ（図5B）、イワトビベンケイガニ（図5C）、そしてヒメオカガニ（図5D）の五種（出現種の一八％）が含まれています（鹿児島県　二〇一六、環境省　二〇〇六、永江ほか　二〇一〇、成瀬　二〇〇五）。

鹿児島県本土、大隅諸島、奄美大島、及び石垣島における生息状況を調べた結果、オカヤドカリ類とイワトビベンケイガニは奄美大島と石垣島で多く、種子島と屋久島を境に減少し、ムラサキオカヤドカリ（図2A）以外は鹿児島県本土に出現しないことが明らかになりました。ヤエヤマヒメオカガニ（図5E）、ミナミアカイソガニ、カクレイワガニ（図3C）は奄美大島と石垣島のみに出現する反面、ベンケイガニ、アカテガニとカクベンケイガニは鹿児島県本土で多く、種子島、

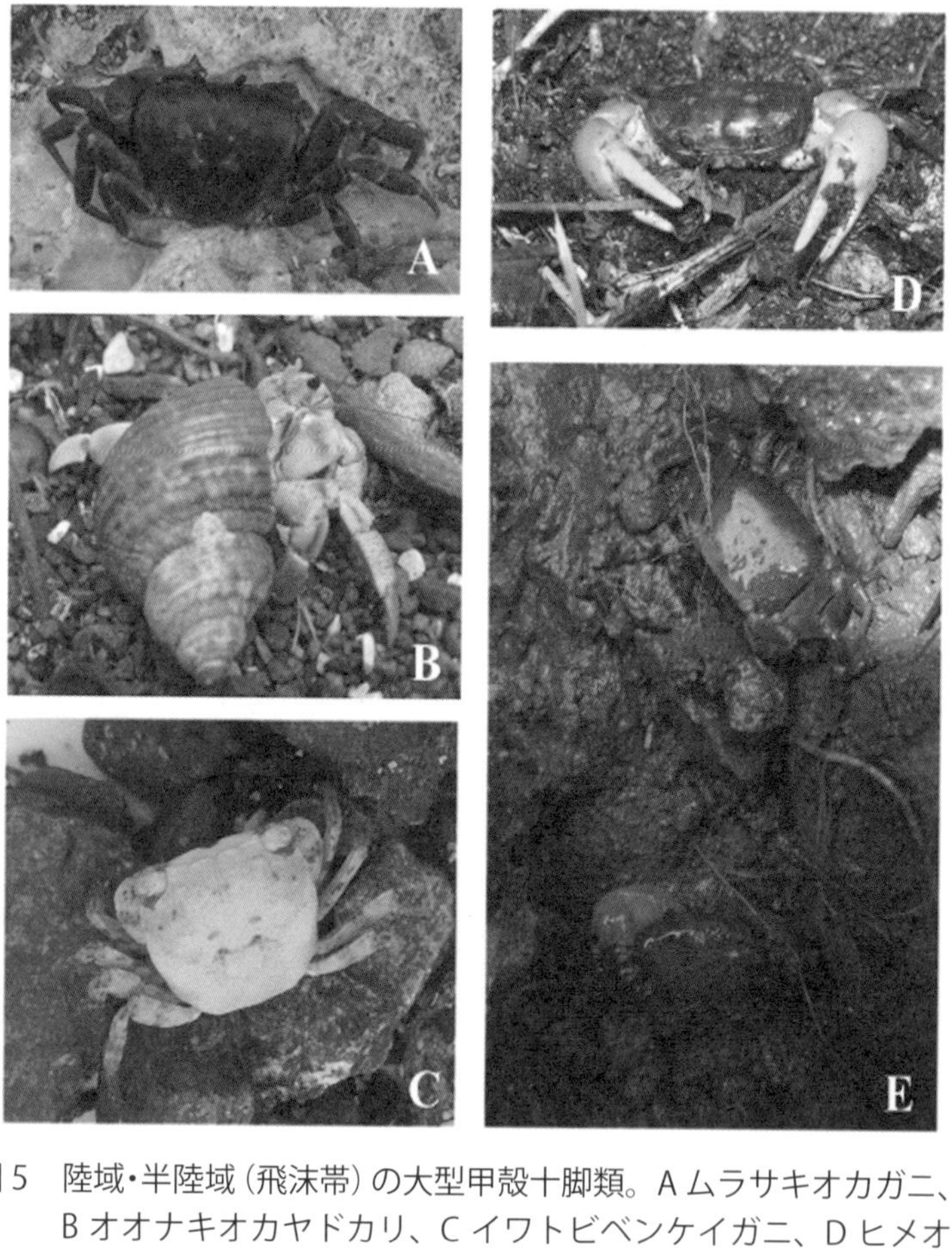

図5　陸域・半陸域（飛沫帯）の大型甲殻十脚類。A ムラサキオカガニ、B オオナキオカヤドカリ、C イワトビベンケイガニ、D ヒメオカガニ、E ヤエヤマヒメオカガニ。

屋久島、奄美大島と減少し、石垣島には出現しないか、極めて少数しか出現しないです。

出現した各種は、飛沫転石帯をどのように利用しているのでしょうか。出現個体数が多かった優占五種について、各種の体長組成を指標として検討した結果、ヤエヤマヒメオカガニとイワトビベンケイガニは若齢個体から成熟個体までが飛沫転石帯に出現し、また夜間にも同環境に出現しました。既存の報告から飛沫転石帯以外での出現の報告がないこと、並びにイワトビベンケイガニでは雌の抱卵個体が出現したことから、底着後の生活史全般を飛沫転石帯で過ごすと考えられています。つまり、これら二種にとって飛沫転石帯は極めて重要な環境と言えます。

一方、オカヤドカリ類のナキオカヤドカリとムラサキオカヤドカリ、及びベンケイガニの三種も若齢個体から成熟個体までが飛沫転石帯に出現し、雌の抱卵個体も出現しました。しかしながら、既存の報告によると飛沫転石帯以外の海岸環境からもこれら三種の出現が多いという報告があり、同環境は三種にとって生息環境の一部であると考えられます。このように飛沫転石帯ではイワトビベンケイガニとヤエヤマヒメオカガニが主な種と考えられます。

一見生物が生息していないような飛沫転石帯には二八種の甲殻十脚類が出現しました。その中にあって、多良間島ではヤシガニの稚ガニが採集され（藤田・砂川　二〇〇八）、奄美大島で採集されたムラサキオカガニは甲幅一一・六㎜の稚ガニでした（鈴木ほか　二〇〇八）。これは、飛沫転石帯に続く内陸部に生息する種にとって、飛沫転石帯が稚ガニの成育成長の場であることを意味しています。

イワトビベンケイガニ（図5C）は、甲幅一七㎜未満の小型種で、甲の前縁は甲幅の二分の一より大きく、強く下垂し触角域を覆います。甲の側縁はほぼ平行で歯を有していません。生息場所により色彩変異が見られます。乾燥には強いようで、転石下がかなり乾燥しているところでも生息しています（Komai *et al.* 2004）。ヤエヤマヒメオカガニ（図5E）は、甲幅四〇㎜未満の小型種で、甲の前側縁の歯がきわめて小さいことによって日本産オカガニ科の他種と容易に区別することができます。イワトビベンケイガニとは対照的に転石下の湿ったところに多く生息する傾向が見られました（Ng *et al.* 2000, Osawa and Fujita 2005, 藤田・砂川　二〇〇八）。

以上、主たる出現二種について解説しましたが、南西諸島の希少種としてムラサキオカガニ（図5A）も二〇〇八年六月一〇日に奄美大島大浜海岸の転石帯の岩盤上に堆積した石の下から一個体採集されました（鈴木ほか　二〇〇八）。本種は、額がすこぶる狭く甲幅の五分の一以下で、前縁は中央でくぼみます。甲の形は横楕円形で、眼が比較的小さいです。体色は紫色で、本種和名の由来になっています。

3　砂質潮間帯（河口干潟・前浜干潟）の大型甲殻十脚類

干潟には、河川の河口域周辺に形成される河口干潟と、河川のない海岸線に形成される前浜干潟があります。多くの海岸線ではこれらの干潟が規模の違いはあっても組み合わさって形成されています。特に、内湾に形成される河口干潟とそこに隣接する前浜干潟は規模も大きくなり、生息する生物の多様性にも富んでいます。無脊椎動物では、大型甲殻十脚類以外に二枚貝類、巻貝類、多毛類（ゴカイの仲間）、ヒモムシ類、イソギンチャク類、ナマコ類などが生息しています。また、鹿児島市喜入町以南の島嶼の河口域にはヒルギ類を種とするマングローブ林が発達しています。このように干潟と一概に言ってもその景観や生息場所は多様に富んでおり、生息する生物も多様でサイズも多様です。本節では、干潟に生息するすべての大型甲殻十脚類を解説することは難しいので、特に多数の個体が生息する種群を中心に解説したいと思います。

大潮の干潮時に県本土の干潟を見渡すと、所々に白っぽく見える砂質の小高いマウンドがあるのに気づきます。ここには甲幅一〇㎜程度のコメツキガニ（図6A）が群れを作って生息しています。コメツキガニの生息環境は、水通しの良いマウンドや、陸地に近い砂が主な砂質干潟です。彼らは、干潮時になると巣穴から出てきて、巣穴を中心に食事をします。コメツキガニは干潟表面に堆積した有機物や珪藻などを左右のハサミを使って砂と一緒に口に入れ、食べられない砂粒だけを集めて丸め、そして口から吐き出します。これを繰り返しながらせっせと移動していきます。この食事の痕がまるで巣穴を中心にして米粒をならべているように見えるので、この和名がついたようです。また、この砂団子には食事の痕のものよりも大きめのものもあります。これはコメツキガニが巣穴を修復したり、拡張して干潟の内部から取り出した砂なのです。このようにして干潟に堆積している堆積物の上下移動に貢献したり、巣穴を通して干潟内部に新鮮な海水や酸素を供給するのも彼らの役割の一つです。従来、南西諸島の島嶼に生息するコメツキガニは本邦に広く分布する種と同種と考えられていましたが、二〇一〇年に沖縄島、石垣島の標本を基に別種のリュウキュウコメツキガニとされました。本種は琉球列島に固有の種で、眼窩外歯や鉗脚の可動歯中央の歯及びオスの腹部の形態などでコメツキガニと区別できます。摂餌行動や個体間行動などはコメツキガニと酷似していますが、繁殖期は異なっているようです。ただ、形態的違いは十分注意して観察する必要があります。

マウンドの間を縫うように澪筋《みおすじ》が走っていますが、この澪筋の水際で泥の堆積しているところにはチゴガニが分布し、水の残っている澪筋には、マメコブシガニやテナガツノヤドカリが、そしてまれにオサガニ類などが生息しています。夏から秋にかけては、タイワンガザミやイシガニ

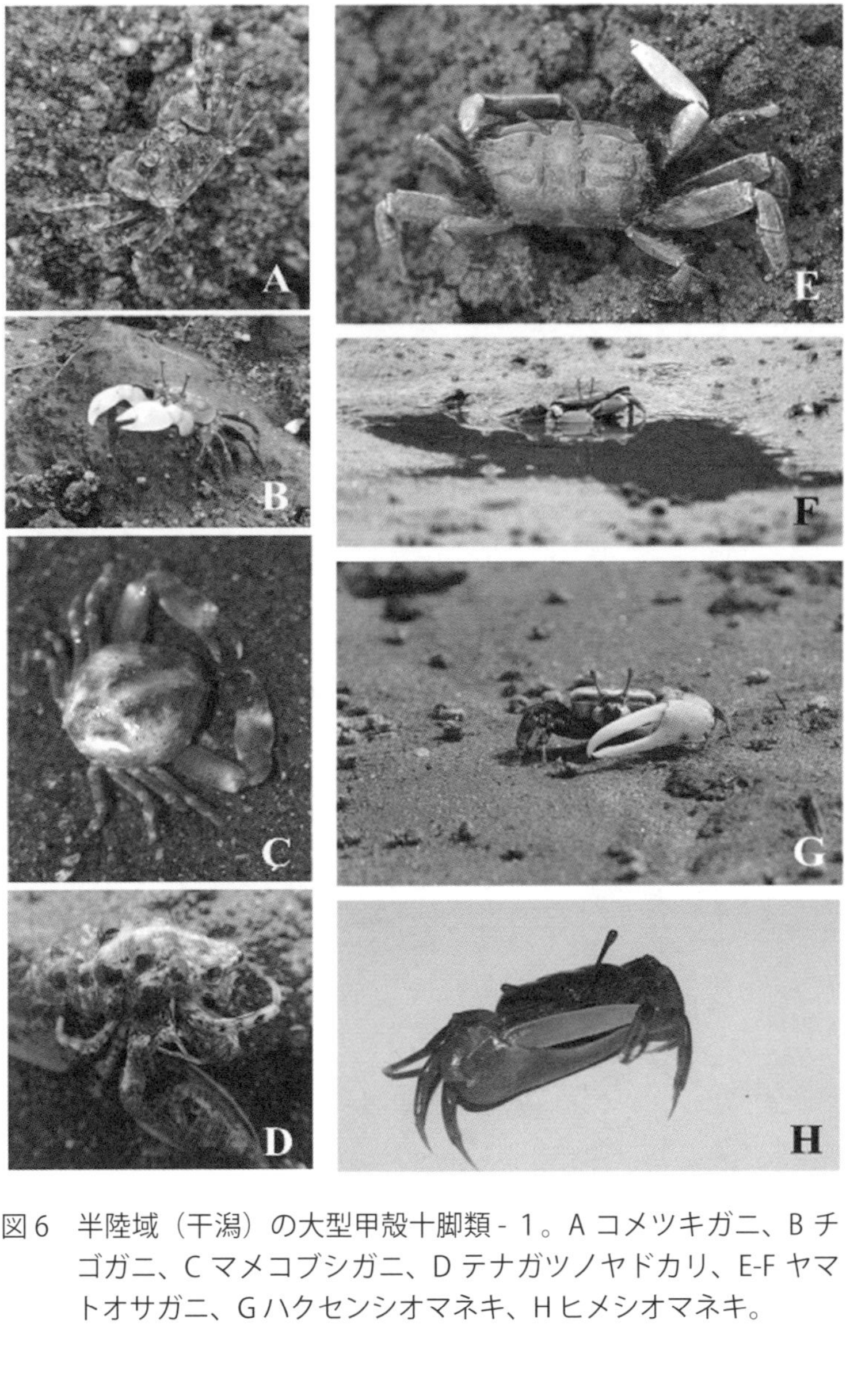

図6　半陸域（干潟）の大型甲殻十脚類 - 1。A コメツキガニ、B チゴガニ、C マメコブシガニ、D テナガツノヤドカリ、E-F ヤマトオサガニ、G ハクセンシオマネキ、H ヒメシオマネキ。

などのワタリガニ類の稚ガニを見ることもあります。

チゴガニ（図6B）は甲幅一〇㎜に満たない小さな種ですが、常に多数集まって群れを作り、小さなハサミを動かして、あたかもダンスを踊っているように見えます。そのハサミは白くて、比較的遠くからも確認できるので、チゴガニの群れのダンスを遠目で見ると、まるで白い無数の点がリズミカルに動いているようで、その光景は必見ものです。

澪筋の中にいるマメコブシガニ（図6C）は、甲幅二一㎜前後の小型の種で、我々の気配を察知すると慌てて砂の中に潜って隠れます。しかし、それほど素早く潜るわけでもなく、また深く潜らないので、背中が見えていたりしてすぐに見つけることができます。初夏の温かい干潮時に観察に行くと、二匹のマメコブシガニが重なり合っているのを観察することができます。これはオスとメスのつがいで、繁殖期に入って交尾をしているところです。その横では、テナガツノヤドカリのオスがメスの入っている貝殻を掴んで引きずり回しているところを見ることもできます。これも繁殖行動の一つで、つがいとなったメスを他のオスからまもっている行動で、交尾ガードと言われているものです（図6D）。皆自分の子孫を残すために一生懸命なのです。澪筋の中で、まれに、入り口にほうきではいたような無数の筋がある巣穴を見つけることがあります。これは、オサガニ類（多くはヤマトオサガニ（図6E））の巣穴で、じっと動かずに観察していると、穴から出てきて餌を食べる行動を観察することができます（図6F）。観察は忍耐なのです。

県本土の河口干潟にはチゴガニ、コメツキガニの他に準絶滅危惧種に指定されているハクセンシオマネキやオサガニが生息しています。ハクセンシオマネキ（図6G）は、水際より若干高くなった砂質の場所におり、よく見るとヒメシオマネキ（図6H）も混在している所もあります。シオマネキ類もコメツキガニやチゴガニ同様巣穴を作り、干潮時になると巣穴から出てきて小さなハサミを使って餌を食べたり、巣穴の修復などをするので、その周辺には大小様々な砂団子が認められます。ハクセンシオマネキのオスの大きな方のハサミは真っ白で、ヒメシオマネキのオスの大きい方のハサミは下半分がオレンジ色を示しています。よく知られているようにこのハサミを使って、オスはメスにその存在をアピールしたり、オス同士の闘争の道具としています。この大きなハサミを打ち振る姿がまるで潮を招いているように見えるので、和名のシオマネキがついたわけで、欧米ではこの動作がバイオリンを弾いているように見えるようで、フィドラークラブ（バイオリン弾き）と呼んでいます。お国柄が違うと見え方そしてネーミングも違うようです。

もう一方の準絶滅危惧種のオサガニは長い目を持っていて、巣穴の入り口から用心深く周囲を見ている様子は、まるで潜水艦が潜望鏡で周囲をうかがっているようです。確かに用心深く、我々の動きを察知するとすぐに巣穴の中に隠れてしまい、いっときは外に出てきません。オサガニ類を観察するときには双眼鏡や望遠レンズのカメラを用意することをおすすめします。

県本土に比べ、島嶼の干潟では大型甲殻十脚類の占める割合が高く、その中でも奄美大島住用干潟で見られるように、ミナミコメツキガニ（図7A）が大半を占めていることが多いです。島嶼の干潟の大型甲殻十脚類相について、奄美大島の干潟を例に紹介します。干潟に生息する主なカニ類は種群としては県本土と変わりなく、スナガニ類、モクズガニ類、オサガニ類です。ただ、その種組成は大幅に違っています。河口干潟の最上部、陸生植生帯と隣接するあたりは、比較的乾燥し、礫や転石に粘土質が混ざった底質を示しています。このような場所には、スナガニ類のオキナワハクセンシオマネキ、ベニシオマネキやモクズガニ類のアシハラガニなどが生息しています。彼らは、この比較的硬い底質に巣穴を作り群生しています。

ベニシオマネキ（図7B、7C）は甲幅一六㎜になる種で、オスの大鉗脚は美しい紅色をしています。甲面や歩脚も同じ紅色を示す個体もいますが、多くのオスは青と黒の斑模様を示しています。一方雌では多くの個体で全身きれいな紅色をしています（図7C）。オキナワハクセンシオマネキは甲幅二〇㎜前後の種で、ハクセンシオマネキに酷似しますが、オスの第一腹肢の形状で区別できます。本種は河口干潟からマングローブ林内に出現します。アシハラガニは甲幅三〇㎜になる種で、干潟最上部から河川後背地に広く分布しています。

図７　半陸域（干潟）の大型甲殻十脚類 - ２。A ミナミコメツキガニ、B -C ベニシオマネキ（B オス、C メス）、D-E ヤエヤマシオマネキ（D 成体オス、E 稚ガニ）、F チゴイワガニ、G ツノメチゴガニ。

干潟の最上部から河川澪筋に近づいていくと、泥質分が多くなり、かつ湿り気も増してきます。この付近では、スナガニ類のヒメシオマネキやヤエヤマシオマネキが多く生息しています。ヒメシオマネキは甲幅一七㎜になる種で、オスの大鉗脚の不動指が橙色を呈しますが、甲の色は黄白色、青灰色、茶褐色とさまざまです。近年、先島諸島の干潟ではミナミヒメシオマネキが本種と同所的に生息することが報告され、また、宮崎県ではホンコンシオマネキが報告されるなど、ヒメシオマネキの詳細な分布調査が今後必要と思われます。ヤエヤマシオマネキ（図7D、7E）はマングローブ林内でも観察され、若い個体は青色斑の甲面を示すこともあり、甲面前半が青白色を示す近似種のリュウキュウシオマネキと見誤る事があります。しかしながら、リュウキュウシオマネキの大鉗脚指節（可動指）内縁には先端から四分の一くらいまで幅広い大歯があるので、この点で区別することができます。

さらに、目を凝らして探すと、かなり泥っぽい場所で甲幅七㎜の小型のオサガニ類であるチゴイワガニ（図7F）を見つけられます。本種は日本固有種で、奄美大島を含む限られた地域でしかその生息は確認されておらず、その生息数も少ない希少種の一つです。同じく甲幅七㎜程度の小型種のツノメチゴガニ（図7G）はチゴイワガニの生息環境よりも砂が混じった底質に巣穴を掘って生活しています。奄美大島以南に分布し、九州各地の河口干潟に分布するチゴガニと同様のウェービング行動が見られます。

澪筋など常に水流のある所に行くと、オサガニ類のヒメヤマトオサガニ、フタハオサガニ、メナガオサガニなどが見られ、時としてワタリガニ類のミナミベニツケガニなどが見られることもあります。ヒメヤマトオサガニ（図8A）は甲幅一三㎜程度で、形態はヤマトオサガニに似ますが、ウェービングに違いが見られ、本種は鉗脚を高く上げる万歳型のウェービングをします。フタハオサガニは甲幅二〇㎜程度の種で（図8B）、鉗脚の指部内縁に毛が密生し、不動指中央と可動指の基部にそれぞれ幅広い一歯があることで、容易に区別することができます（図8C）。メナガオサガニは甲幅二〇㎜程度の種で（図8D）、眼柄《がんぺい》をたたんだ時に眼窩に収まらず甲からはみ出します。本種の名前の由来でもあります。本種はヒメメナガオサガニと混同されやすいのですが、本種の方が大きくなり、体サイズ比で相対的に短い眼柄を持つことでヒメメナガオサガニと区別されます。

ミナミベニツケガニは甲幅七〇㎜程度になる種で、体色は青みを帯びた褐色を呈します（図8E）。額は先が丸くなった六歯からなり、前側縁には鋭い五歯があり、第四・第五歯はやや小さいです。甲面は平滑で軟毛はなく、左右対称に四条の稜線が走っています。奄美大島以南に生息しています。

奄美大島大浜海岸などの前浜干潟では、スナガニ類のツノメガニ（図8F）やミナミスナガニ（図

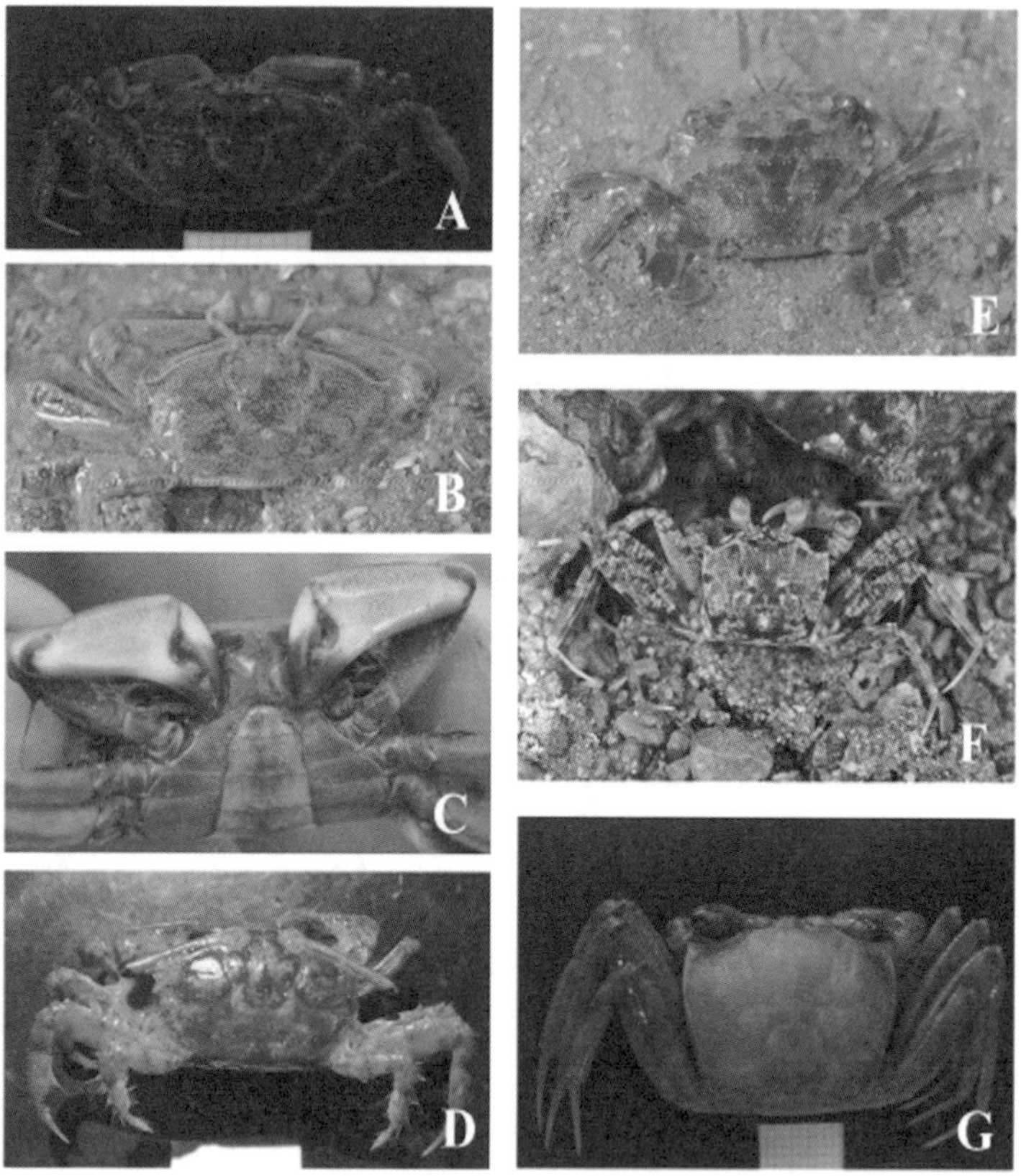

図８　半陸生（含干潟）の大型甲殻十脚類。A ヒメヤマトオサガニ、B-C フタハオサガニ、D メナガオサガニ、E ミナミベニツケガニ、F ツノメガニ、G ミナミスナガニ。

8G）を見ることができます。両種とも飛沫帯の砂浜やそれに隣接する植生帯に巣穴を掘って生息します。ツノメガニは甲幅三五㎜になる種で、甲は白色に甲後半面に暗褐色の帯状斑紋が一対あります。成長したオスの眼の先端には角のような突起がありますが、メスや小型の個体ではこの突起は小さいです。薄暮の夕方から夜間に巣穴を出て摂餌活動などをします。動きが速く、驚いて逃げるときには影だけが動いているように見えるので、ゴーストクラブという英名があります。ミナミスナガニは甲幅二〇㎜程度の種で、甲は生息地の底質の色に似て淡褐色や灰褐色を呈します。鉗脚は左右で大きさが異なっています。前述のツノメガニと異なり、昼間も巣穴から出て活動をすることもありますが、動きはとても速いです。

　干潟に生息するカニ類のうち、飛沫帯やそれより内陸部にすむミナミスナガニやツノメガニは夜行性で夜間巣穴から出てきて摂餌活動などをし、その他のスナガニ類やオサガニ類は干潮時に巣穴から出てきて摂餌活動などをします。前者は腐肉食あるいは腐肉食の強い雑食性で、後者は堆積物食者で、どちらも干潟及びその周辺地域の物質循環の一翼を担っています。ところで、彼ら干潟に生息するカニ類は、水分を必要とする鰓呼吸という呼吸機構を維持しながら、干潮時あるいは夜間に空気中で活動しています。そのため鰓の水分が蒸発して、呼吸水が不足する危険が生じました。これを補うために彼らは巣穴を深く掘り常に伏流水が巣穴内にある状態にしておいたり（ミナミスナガニやツノメガニなど）（地学団体研究会生痕研究グループ　一九八九）、呼吸水を補給する仕組みを持っていたりします（多くのスナガニ類やオサガニ類）（Matsuoka and Suzuki 2011）。呼吸水の補給方法には概ね二つの方法があり、ほとんどのスナガニ類やオサガニ類は歩脚の付け根にある毛の束を使って水分を鰓のある部屋へと補給しています。しかし、ミナミコメツキガニだけは違っていて、甲の後縁に多くの毛が密にならんでいて、この部分を水の溜まっている場所にへたりこむようにつけて、鰓のある部屋へ水分を補給するのです（Matsuoka *et al.* 2012）。水中生活と陸上生活の両方を行うためにカニたちは色々と工夫しているようです。干潟に行った時には一度じっくりと観察すると面白い行動が見られることでしょう。

4　岩礁潮間帯（磯やサンゴ礁原）の大型甲殻十脚類

磯やサンゴ礁原には多様なハビタット（生息地）が形成され、それらを利用する多くの大型甲殻十脚類が生活しています。しかし、磯やサンゴ礁原の表面や亀裂のみを利用する、言わば基質、基盤を直接利用して生活する種はそれほど多くはありません。主にイワガニ類のイワガニ、ミナミイワガニ、ショウジンガニやイボショウジンガニ、ならびにオウギガニ類のスベスベマンジュウガニやイボイワオウギガニなどです。しかし、イワガニ類は比較的移動性が強く、磯やサンゴ礁原に定住しているのはオウギガニ類と言えます。磯やサンゴ礁原に生息するオウギガニ類の中には、ある意味危険な種がいます。

イボイワオウギガニは甲幅四五㎜になる種で（図9A）、甲全体は暗赤色から濃赤色を呈し、丸みのある六角形をしています。甲の前方には粗く大きめの顆粒が散在し、後方は滑らかな面に小さい顆粒がまばらにあります。鉗脚各節の外面にも尖った顆粒が散在し、これら顆粒の存在が本種の名前の由来なのです。オウギガニ類の中では比較的攻撃的で、捕まえようとすると大きく、挟む力も強い鉗脚を使って威嚇します。もし、指など挟まれると怪我を負う危険な種です。磯やサンゴ礁原の潮間帯上部の岩穴や大き目の亀裂などに住んでおり、主に夜間出てきて摂餌行動などをします。相模湾から奄美群島まで分布し、近年インド洋産の種とは別種とされました。

前種イボイワオウギガニと違う意味で、スベスベマンジュウガニ（図9B）、ウモレオウギガニ（図9C）、及びツブヒラアシオウギガニの三種も危険なカニです。これら三種のオウギガニ類はカニ類の中で唯一毒を持つカニとして知られています。スベスベマンジュウガニは甲幅六〇㎜の種で、甲は光沢があり滑らかで、丸みのある楕円形で、前側縁は全縁で薄い縁取りがあります。甲面は灰褐色から暗緑褐色の地に淡黄白色の斑ら模様があります。色の濃淡や模様は変化に富みます。非攻撃的で、大きな鉗脚で威嚇することもなく、逃げ足も遅いです。ただ、フグ毒のテトロ

図９　岩礁・サンゴ礁原の大型甲殻十脚類。A イボイワオウギガニ、
B スベスベマンジュウガニ、C ウモレオウギガニ
（写真提供　かごしま水族館　山田守彦氏）。

ドトキシン、麻痺性貝毒のサキシトキシン、ネオサキシトキシンなどを甲殻や筋肉などのいたるところに含んでいます。岩礁や礁原の潮間帯から潮下帯の石や岩の間、タイドプール（潮だまり）内に生息します。房総半島から南西諸島にかけて分布しています。

ウモレオウギガニは甲幅九〇㎜になる種で、色も美しく緑がかった青色や紫褐色を呈します。甲面には雲紋状、あるいは鱗状の隆起がありその小面や溝には毛はありません。前側縁は板状になっています。鉗脚の掌節内縁や歩脚の各節の前縁も板状を呈しています。本種の毒の主成分は麻痺性貝毒のサキシトキシンです。低潮線近くのサンゴ礁原の隙間に住み、主に夜間活動します。奄美大島以南の南西諸島から熱帯インド～太平洋に広く分布しています。三種の中でも毒性が強く、フィリピンやフィジーなどから数件の中毒報告があります。

ツブヒラアシオウギガニは甲幅三〇㎜程度の種で、体色は暗黄緑色、まれに黄色や紫褐色を呈するものもあります。甲の前半（額及び左右の前側縁）は半円形を描き額が特別突出することはありません。前側縁は薄板状になっていて、歩脚も平たく前縁は薄板状を呈します。この歩脚の形状が本種の名前の由来でもあります。毒の性状はフグ毒や麻痺性貝毒で、スベスベマンジュウガニと同様にゴニオトキシンは含みません。サンゴ礁に普通にみられ、与論島以南のインド――太平洋に分布します。

これら三種のオウギガニ類の毒がどこから来るのか（来源・起源）はまだ十分にわかっていません。ただ、同一種でも生息域や個体の大きさで、その毒性に大きな違いがあるので、外因性の毒と考えられ、餌生物（赤潮プランクトンなどの有毒プランクトン）由来の毒の可能性が高いと言われています（野口　一九九六）。しかし、カニの食べた餌生物が違っていても毒を持つことや、飼育環境下で無毒の餌を長期間与えてもその毒成分や毒性が変化しないことから、必ずしも餌由来だけとは言えないことも分かっています。また、生時の甲殻には毒があるのに、脱皮殻には毒がないことや、テトロドトキシンやサキシトキシンに対する抵抗力も無毒のカニ（オウギガニなど）の数百倍から千倍近くもあることもわかっており、これらの毒成分が三種のカニにとって必要な物質であるとも考えられています。一方で、飼育下でこれらのカニに軽くストレスを与えると、飼育水中に毒成分を放出することも明らかにされていて、体内にある毒をある意味防御に使っているとも考えられています。このようにカニ毒についてはまだまだ不明な点がありますが、とにかく強力な毒であるようで、一九六八年には、奄美大島で一匹のウモレオウギガニを食べた家族五名が中毒し内二名が死亡し、患者の吐出物を食べた豚一頭とニワトリ六羽も死亡するという悲惨な事故が起こっています。とにかく不用意に食べないことが肝要であると思われます。

V　陸水域の大型甲殻十脚類

今まで述べてきた生息場は大気にさらされている場所のため、体の構造上大型甲殻十脚類と言ってもカニ類ヤドカリ類がほとんどでエビ類は出現しません。一方これから述べる陸水域は、水の中なので多くのエビ類が出現します。

この陸水域は、瀬や淵の数、またその形状などの河川形態によって上流域、中流域、下流域などに分けられます。本章では県本土の河川と南西諸島の河川における各流域の生物相を解説します。

1　上流域・渓流域

上流域・渓流域では一蛇行区間内に瀬と淵が複数あり、瀬から淵への移行部分では落差があり、滝のように落ちる景観を示します。したがって、この地域では大きな裸岩が目立っています。県本土の上流域・渓流域で見られるカニ類は、甲幅二五㎜前後のサワガニとミカゲサワガニです。エビ類では、ヒラテテナガエビ、ヤマトヌマエビ、トゲナシヌマエビなどが生息しています。

サワガニ（図10A）は、本流及び支流の清流域、沢などに普通にみられ、夜行性で、昼間は石や礫などの物陰に潜み、夜間出てきて活発に餌を食べます。湿り気があれば陸上にも出て来て、小雨の時には水辺からかなり離れた陸上部でも見ることができます。冬季には、水中ではあまり見られず、水辺から少し離れた湿った岩の下などの穴の中で冬眠します。雑食性で付着藻類、水草、水生昆虫、ミミズ、魚や、人間の捨てた残飯も食べます。その甲の色彩は、青色、茶褐色、あざやかな赤色、赤みがかっただいだい色など、地域により異なることが知られています。繁殖期は六月から九月頃で、夏が盛期です。メスは、直径二㎜前後の大型の卵を四〇～九〇個しか産みません。稚ガニで孵化し、孵化後はすぐに親から離れず、一定期間メスの腹部に抱かれて生活します。孵化後約二年で性成熟し、寿命は七年以上と推定されています。サワガニも唐揚げなどにして食べられますが、肺臓ジストマ（ウェステルマン肺吸虫）の中間宿主でもあるので、十分注意する必要があります。

ミカゲサワガニ（図10B）は、甲幅二七㎜の小形種で、甲の背面やハサミ脚は全般に滑らかで、サワガニとよく似ていますが、眼の角膜が相対的に小さく、ハサミ脚の不動指の外側にははっきりした二本の稜線があります。雄の第一腹肢の末節は強く外側に曲がり、とがっています。平地には生息せず、標高一五〇m以上の流域に生息し、水の流れているところや河岸の湿潤なところ

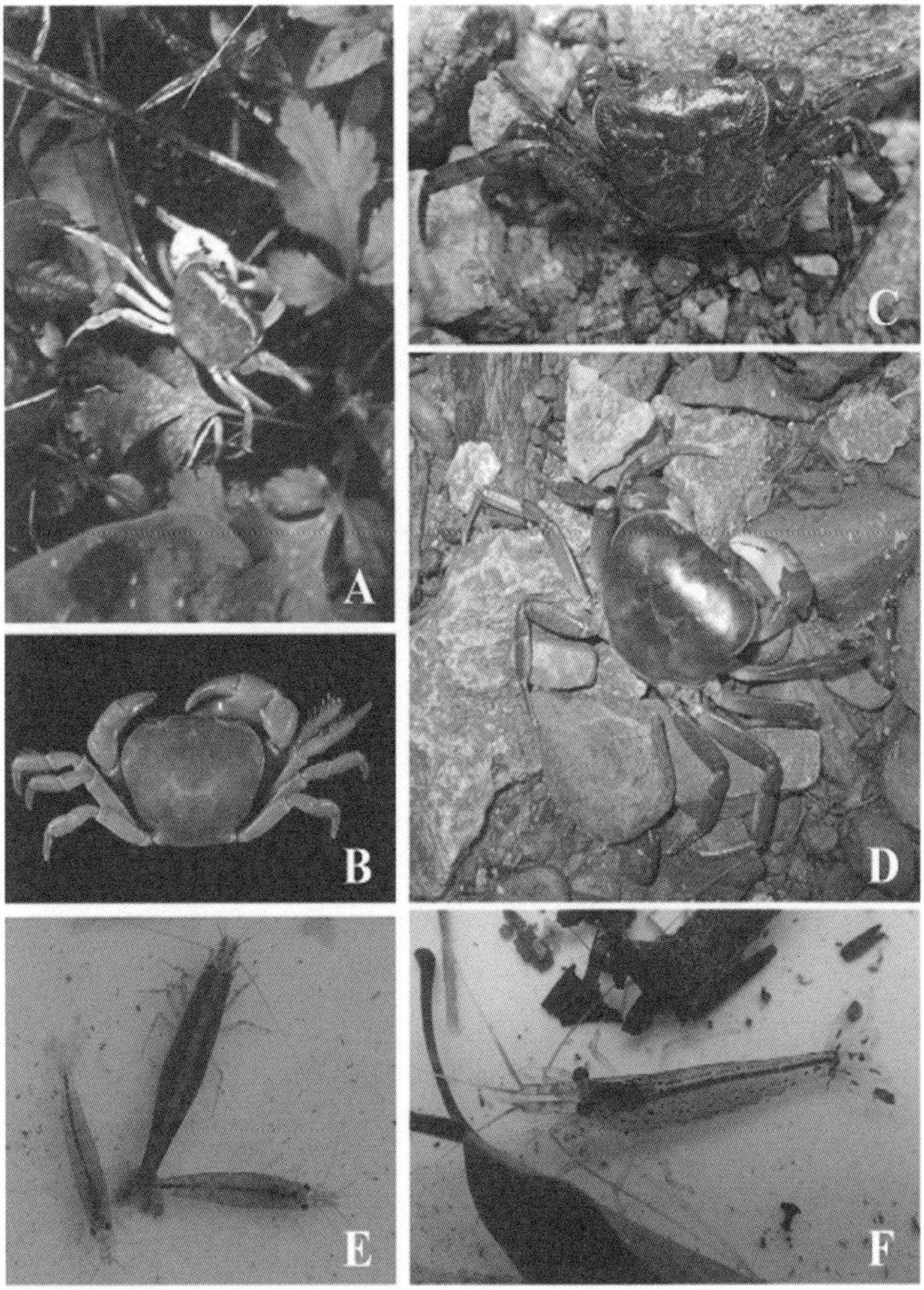

図 10　陸水域（上流・渓流域）の大型甲殻十脚類 - 1。A サワガニ、B ミカゲサワガニ、C アマミミナミサワガニ、D サカモトサワガニ、E トゲナシヌマエビ、F ヤマトヌマエビ。

の石の下などに主に生息します。陸域で活動することはほとんどなく、サワガニよりも水中で生活する傾向が強いと思われます。鹿児島県大隅半島に固有の種です。

一方、島嶼の上流域・渓流域ではカニ類の種数が増え、陸産、半陸生の六種を除くアマミミナミサワガニ（図10C）、オキナワミナミサワガニ、サカモトサワガニ（図10D）など一四種のサワガニ類が生息します。エビ類としては本土同様、トゲナシヌマエビ（図10E）、ヤマトヌマエビ（図10F）、及びヒラテテナガエビ（図11A）の三種のエビ類が主として出現します（諸喜田一九七六、一九七九）。

アマミミナミサワガニとカクレサワガニは、前側縁の眼窩外歯のすぐ後ろに一個の明瞭な歯があります。この歯の外側から始まる稜線が額に並行してあります。甲面は平たく、額及び側縁に近い面には、顆粒、短い稜線や皺があり、凸凹した感じです。オスの第一腹肢は太いのですが、その先端は細いです。前者は奄美群島に固有の種で、奄美大島と徳之島にのみ分布し、後者は渡嘉敷島のみに生息しています。

オキナワミナミサワガニ、クメジマミナミサワガニ、トカシキミナミサワガニの三種は、アマミミナミサワガニに類似しますが、オスの第一腹肢が著しく太く、その先端も太いことで区別することができます。三種はその名前が示す通り、それぞれ、沖縄島、久米島、渡嘉敷島に固有の

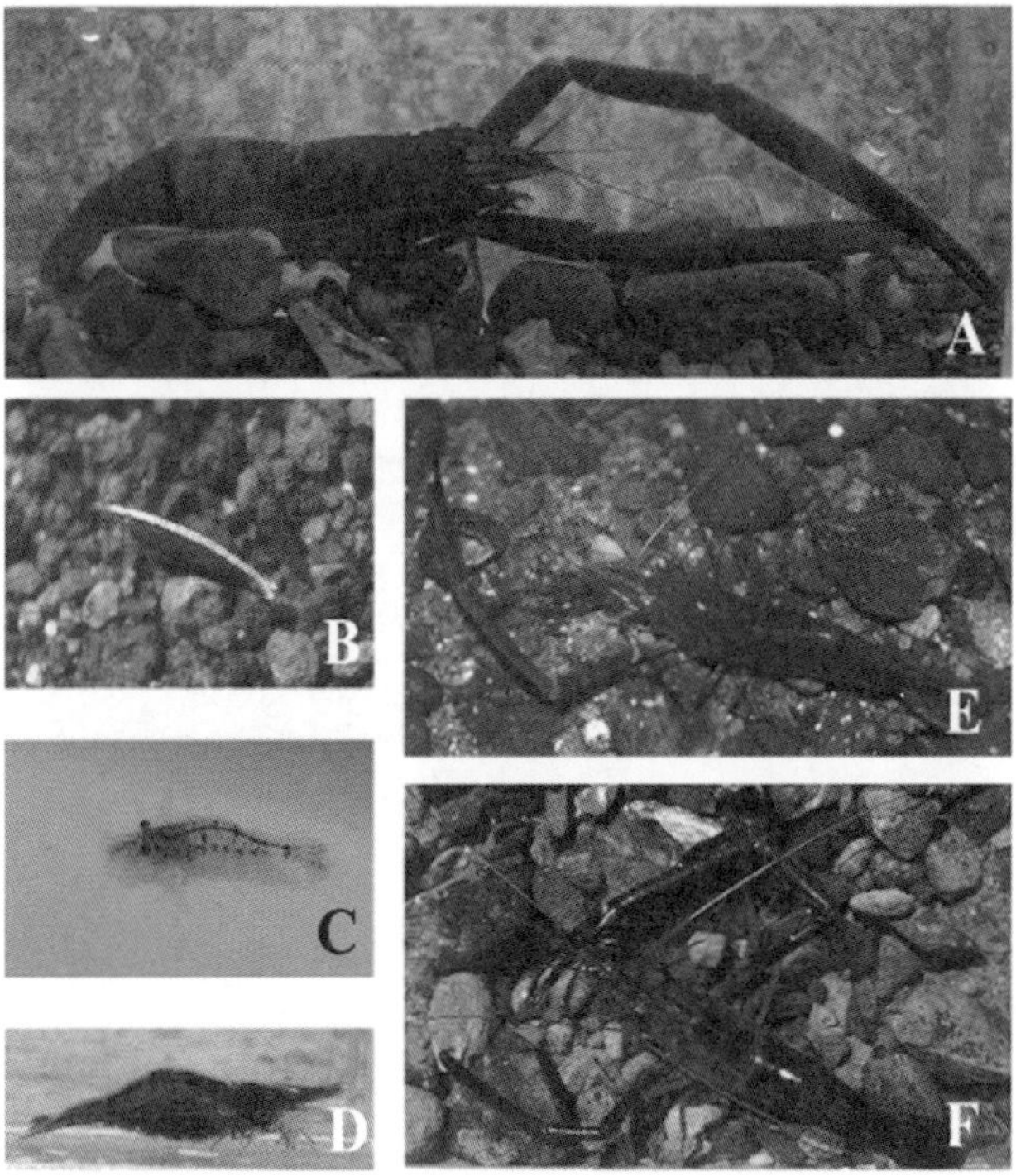

図 11　陸水域（上流・渓流域）の大型甲殻十脚類 - 2。A ヒラテテナガエビ、B オニヌマエビ、C ヌマエビ、D ミゾレヌマエビ、E ミナミテナガエビ、F コンジンテナガエビ。

種です。

サカモトサワガニは甲幅四〇㎜に達するカニで、甲面は全体に滑らかで光沢があります。体色には変異があり、生時には甲背面、ハサミ脚、歩脚とも淡い黄色もしくは薄い黄緑色の個体や、茶色や橙色をした個体がみられます。中琉球に固有の種類で、宝島、奄美大島、徳之島、喜界島、加計呂麻島、沖縄島に分布します。本種が属するサワガニ属のカニ類九種も島嶼の上流域・渓流域に生息し、色彩や甲の形態に変化が見られますが、眼窩外歯後方に不明瞭な切れ込みがあるかもしくは完全にない事と、オスの第一腹肢が細い事で他の属のサワガニ類と区別できます。これらのサワガニ類は、山間の小川や清流、湿地帯の石の下や岸辺に穴を掘って生息し、夜行性で、昼間は石や礫などの物陰に潜み、夜間出てきて活発に餌を食べます。また、各島に固有の分布を示します（表1）。

トゲナシヌマエビとヤマトヌマエビはヌマエビ科のエビで、第一～二胸脚《きょうきゃく》のハサミの先端に長い毛の束を持っています。この毛の束は、ヌマエビ科エビ類の特徴でもあります。このハサミを使って、岩や転石の表面に生えている付着藻類や、川床に堆積する有機堆積物（デトライタス）などを摂食します。トゲナシヌマエビは体長二五～三五㎜で、額角《がっかく》は短く上縁にはふつう歯はありません。下縁には先端近くに〇～三個の歯があります。ヤマトヌマエビも体長三〇～四〇

㎜で、額角もトゲナシヌマエビ同様短いです。しかし、その上縁には一三〜二七個の歯が密にならび、下縁にも三〜一七個の歯がある点で区別がつきます。また、生時のヤマトヌマエビは体側に濃い褐色や赤褐色の縞《しま》または点々模様があり、尾節《びせつ》及び尾扇《びせん》の基部には青色の斑紋があります。

ヒラテテナガエビはテナガエビ科に属し、体長七〇〜九〇㎜で、額角は「木の葉状」を呈し、上縁には九〜一二個の歯があり、このうち四〜五個は眼窩より後ろの頭胸甲上《とうきょうこう》にあります。下縁には二〜四個の歯があります。流れの速い流域から沢などの水量の少ない流域にも生息します。食性は水生昆虫、弱った稚魚や甲殻類などを主とする肉食です。脱皮直後の甲殻類はよい餌のようです。

この他、南西諸島の島嶼河川上流域・渓流域では、オニヌマエビ（図11B）、ミナミオニヌマエビ、ヌマエビ（図11C）、ミゾレヌマエビ（図11D）、イリオモテヌマエビ、イシガキヌマエビ、ミナミテナガエビ（図11E）、コンジンテナガエビ（図11F）、ツブテナガエビ、コツノテナガエビ、ネッタイテナガエビ、ショキタテナガエビなどが出現します（諸喜田 一九七六、一九七九、一九八九）。このうち、ショキタテナガエビは西表島に生息する純淡水種です。

これら上流域・渓流域で出現するエビ類を上げてきましたが、その多くは中流域、あるいは下流域まで広く分布していることが多いです。これは種の適応力もあると考えられますが、彼らの幼生が海で生育するため河口域に定着してから河川を遡上しながら成長するという生活史の特異性も関連すると思われます。

2 中流域・下流域

中流域と下流域は一蛇行区間内に一つの瀬と淵があるところとされています。そして中流域では瀬から淵への移行部分では白く波立ちますが、下流域では波立たないことで区別されます。川床も多少違っており、下流域では砂や泥が堆積し平坦な状態が多いですが、中流域の瀬では礫や転石が主となり比較的ガラガラの状態を示します。一方、淵では砂が堆積しています。しかし両域とも両岸には抽水植物（県本土ではアシやヨシなど）や沈水植物（同じく県本土ではカナダモなど）がよく生えています。また、下流域と河口域を地形や周囲の景観などで厳密に区分することはできませんが、海水の影響がある感潮線までを河口域と捉えることはできます。ここではその感潮線より上流側を下流域としました。

県本土の中流域・下流域ではサワガニは少数見られるのみで、抽水植物の根元や沈水植物の間にミゾレヌマエビやミナミテナガエビの稚エビなどを多数確認することができます。また、流心部の岩陰や岸側の深みなどの流木の下などには成長したミナミテナガエビが生息しています。春

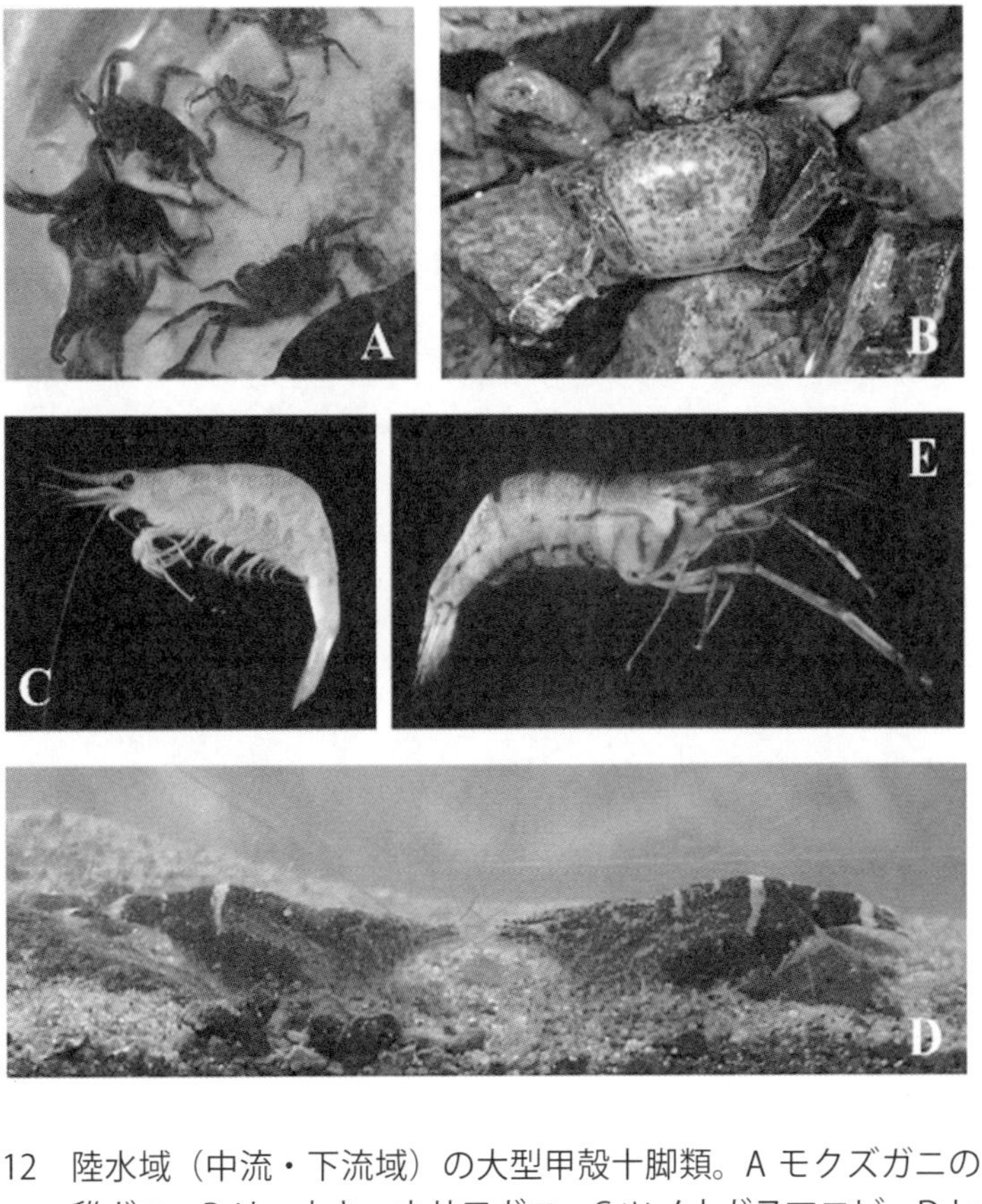

図 12　陸水域（中流・下流域）の大型甲殻十脚類。A モクズガニの稚ガニ、B リュウキュウサワガニ、C ツノナガヌマエビ、D ヒメヌマエビ、E ザラテテナガエビ。

から初夏の時期には礫や転石が堆積しているところでは河口域同様、モクズガニの稚ガニ（図12A）を見つけることもできます。

ミゾレヌマエビは体長二〇～三〇㎜の小型種で、生きている時には、背面の正中線上に一本の幅広い黄褐色または灰色がかった褐色の縞があり、腹部の側面には波状の暗褐色の斑紋が見られます。河岸の植物が茂るところや岩かげなど比較的流れの緩やかなところに生息します。食性は雑食性で、付着藻類、デトライタス、時に小型の動物を二対のハサミを上手に使って食べます。

ミナミテナガエビは体長九〇～一〇〇㎜に達する中型種で、生きている時には、頭胸甲の側面に三本の横縞模様が見られ、簡単に区別ができます。ミゾレヌマエビ同様両側回遊種（両側回遊種とは、子供と親の生育場所がそれぞれ淡水域もしくは海水域と異なっている種類のことを指します）です。ダンマエビ、ダツマエビなどとも呼ばれ親しまれ、食用にもされます。

一方、島嶼の中流域には、上流域まで分布しているサカモトサワガニ、アマミミナミサワガニなど一四種のサワガニ類に加えリュウキュウサワガニ（図12B）が出現します。リュウキュウサワガニは甲幅二〇㎜前後と比較的小型の種で、眼も比較的小さく感じます。水のある転石の下や川床に穴を掘って住んでいますが、陸上に出て活動することはないようです。ヌマエビ類では、上流域・渓流域にも分布していたトゲナシヌマエビ、ヤマトヌマエビ、ミゾレヌマエビなどに加え、ナガツノヌマエビ、ツノナガヌマエビ（図12C）、ヌマエビ、ヒメヌマエビ（図12D）リュウグウヒメヌマエビ、コテラヒメヌマエビが中流域・下流域に出現し、テナガエビ類では、同じく上流域まで分布していたミナミテナガエビ、ヒラテテナガエビ、コンジンテナガエビなどに加え、ザラテテナガエビ（図12E）やオオテナガエビ、ヒラアシテナガエビ、カスリテナガエビなどが出現します。一方、春から初夏の時期には礫や転石が堆積しているところではモクズガニの稚ガニを見つけることもできます。

この中流域・下流域そして次に述べる河口域は、両側回遊型のエビ類、カニ類にとっては繁殖のために降河するときも、成長した稚エビが加入遡上してくるときも、通過あるいは留まる流域です。したがって、時期によって出現する個体の大きさもまた場所も異なります。春から夏に少し流れが緩やかな物陰や、流木の下、あるいは大きめの石の下などを丹念に探すと、体長九〇～一〇〇㎜に達するミナミテナガエビ、ヒラテテナガエビ、コンジンテナガエビなど大型のテナガエビ類を見つけることができます。多くのメスは卵をお腹に抱いているので、産卵のために下ってきたものと分かります。一方、夏から秋に、抽水植物や沈水植物の間をタモ網などでさらうと、体長二〇～三〇㎜のミゾレヌマエビ、トゲナシヌマエビ、ヌマエビ、ミナミテナガエビ、コンジンテナガエビなど多くのエビ類の稚エビを採集することができます。これらの稚エビはその年の春から夏にかけて生まれた0歳児で、植物の繁茂によって流れが緩やかになると同時に隠れ場としての空間ができる場所に多く集まるようです。

3　河口域・マングローブ域（汽水域）

河口域は潮間帯の発達するところで、薩摩半島の喜入以南ではマングローブ林の形成される場所でもあります。本節ではまず、河口域の流心部と干潮時に水際になる場所に見られる大型甲殻十脚類について解説し、その後マングローブ林に生息する種について解説します。

県本土の河口域流心部は、その流れによって細かい泥や砂は海へと洗い流されます。そのため川床には礫や転石など比較的粒が大きいものが堆積します。また、海水の干満にも影響され、上げ潮から満潮にかけては海水の影響を受け塩分が高くなり、下げ潮から干潮にかけては塩分が低下します。このように河口流心部は礫や転石の多い川床に、海水の影響を受けたり受けなかったりする汽水域と言われる場所です。

河口流心部から河口干潟につながるところや、護岸されている河口には比較的大きな転石や岩などが礫や砂の上に点在しています。この転石や岩を持ち上げると、その下にケフサイソガニやヒライソガニを見つけることができます。ケフサイソガニ（図13A）は、甲幅三〇㎜前後になる小

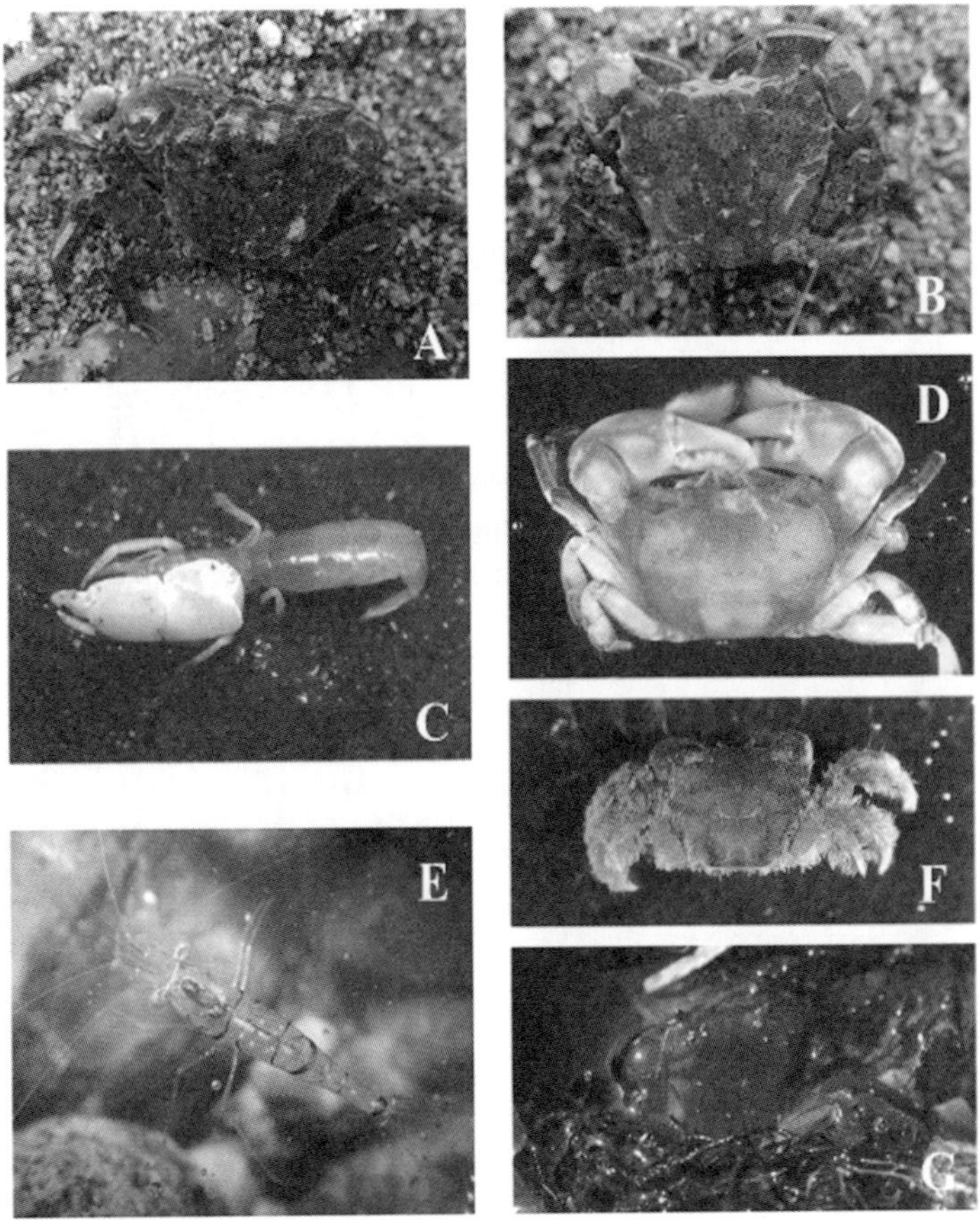

図 13　陸水域（河口域）の大型甲殻十脚類。A ケフサイソガニ、B ヒライソガニ、C ニホンスナモグリ、D タイワンヒライソモドキ、E スネナガエビ、F トゲアシヒライソガニモドキ、G アゴヒロカワガニ。

型の種類で、前側縁には眼窩外歯を含め三歯あります。オスはつねにハサミ脚の指部の根元に軟らかい毛の束を備えています。このハサミ脚の形状が和名の由来となっています。この軟毛の束はメスにはなく、メスは類似種のヒライソガニと間違いやすいです。しかしながら、外顎脚《がいがっきゃく》（口の一番外側に位置している部分、第三顎脚とも言う）の座節《ざせつ》と長節《ちょうせつ》との融合線が横真っ直ぐになる点で区別できます。生きている時には、全体に淡い紫赤色か黄緑色の地に濃い紫褐色の色調を示します。また、歩脚には横縞はありません。ケフサイソガニは河口転石帯でもより淡水の影響を受け、かつ泥質底に多く生息しています。

　ヒライソガニ（図13B）は、甲幅二四㎜前後のケフサイソガニより若干小さめの中型の種類で、甲の形はケフサイソガニに似ていますが、背面が著しく扁平です。この甲の形状が和名の由来でもあります。外顎脚は座節と長節が斜めの線で関節し、この点でケフサイソガニと区別できます。生きている時には淡い褐色、茶褐色、青緑色、紫色、白色などを示し、甲背面の色彩には多くの変異が認められます。ケフサイソガニと同じような潮間帯の砂礫底の岩や転石の下に生息しますが、ケフサイソガニよりも砂礫質の底質に生息します。ケフサイソガニやヒライソガニの腹部には度々寄生生物のフクロムシ類が観察されます。この寄生が起こると、オスの形態や行動がメスと似て来ることが報告されています。

ケフサイソガニやヒライソガニを探しながら水際近くの湿った礫や転石帯に近づくと、時折「パチン、パチン」という鋭く大きな音を聞くことがあります。これは、イソテッポウエビなどのテッポウエビの仲間が外敵などを威嚇する時の音です。イソテッポウエビは、体長五〇㎜に達する中型種で、左右の大きさが異なるハサミ脚を持ちます。大きい方のハサミの指節（ハサミの動く方）を急に閉じることで威嚇の「パチン」という音を出します。イソテッポウエビは腹部背面に茶色と白色の横縞を示しており、転石下の砂礫の中に穴を掘って潜っています。

さらに、干潟に続く砂地に行くと小さな穴が発見されます。この穴は、ニホンスナモグリの巣穴です。ニホンスナモグリ（図13C）は、体長六〇㎜前後の中型の種です。体は軟らかく、透明感のある白色をしています。そのため、頭胸部から腹部前半に位置する卵巣卵は外側から透けて樺色に見えます。第一胸脚は完全なハサミを持ち、左右の大きさは異なります。ハサミ脚は比較的平板になります。砂質干潟の上部から下部まで広い範囲に生息し、深さ三〇～五〇㎝の巣穴を作って穴の中で生活します。巣穴は出入口が二～三個あり、その通路（導管）は曲がりくねり、枝分かれしながら旋回し、途中途中にこぶ状の部分（球部）が形成されます。出入口は平坦か低い円錐形の丘状を示します。あまり大型の種でないので食用には不向きですが、釣り餌として利用されることもあります。

常に水が流れている川岸の抽水植物が繁茂する場所では、下流域とは異なりヒメヌマエビが主として生息しますが、同じ流心部の礫の下には、タイワンヒライソモドキ（図13D）が礫と礫の間に身を潜めるようにして生息しています。このタイワンヒライソモドキは甲幅一〇㎜の小型種で、甲はほぼ平坦、オスのハサミ脚両指の根元に長い軟毛の房があります。この軟毛は水中で見るとハサミの外側に大きく出ていて、まるで飾りのポンポンのように見えます。流心部の礫帯には時としてケフサイソガニも生息する時があるので、このような場合には本種は汽水域の中流から上流にかけて分布します。つまり、ケフサイソガニよりも淡水の影響を受ける汽水域にその生息場所を移して、競合を避けているようです。

この流心部の礫や転石帯では、前述したようにモクズガニの子供達も一時的に見られます。モクズガニも両側回遊種で、秋に子供（ゾエア幼生と言う）を産むために河口汽水域に降りてきて、ここで交尾産卵し子供を孵化させます。孵化した子供は海域に分散し、そこでメガロパ期（12ページ参照のこと）まで成長し、河川に戻ってきて着底します。河川に戻ってきたメガロパは河口汽水域や下流域の礫、転石帯で稚ガニへと変態成長するので、春先になると流心部の礫や転石の下にモクズガニの稚ガニを多く見ることになるのです。

島嶼部の河口域でも出現する大型甲殻十脚類は下流域の種とは異なることが多く、抽水植物が川岸に繁茂する場所では、ヒメヌマエビも生息しますが、抽水植物があまり繁茂しない砂礫底の川岸ではフトユビスジエビ、スネナガエビ（図13E）などのスジエビ類が出現します。カニ類も異なった様相を示し、サワガニ類は出現しませんが、九州島でも広く分布するヒライソガニ、ケフサイソガニが川岸に生息し、流心部ではトゲアシヒライソガニモドキ（図13F）、アゴヒロカワガニ（図13G）、ケフサヒライソモドキ、タイワンヒライソモドキなどのヒライソモドキ属のカニ類が主流となります。つまり、川岸寄りの転石や岩の下にはケフサイソガニやヒライソガニが、流心部の礫の下にはヒライソモドキ属のカニ類が礫と礫の間に身を潜めるようにして生息しています。また、春先になると下流域同様、モクズガニの子供達も一時的に見られます。まれに、オオヒライソガニも見つけることができます。

河口域流心部に出現するカニ類はハサミに軟毛の束を備えているものが多く、時に種同定を間違えることがあります。しかしながら、外顎脚の形状で大まかに区別することができます。すなわち、外顎脚の坐節と長節との融合線が斜めになっているのはヒライソガニ属で、その他のカニ類は水平になっています。また、外顎脚の外肢が坐節よりも幅広いのはトゲアシヒライソガニモドキ属、ヒラモクズガニ属、ヒライソモドキ属のカニ類です。一方、幅が狭いのはモクズガニ属、イソガニ属、オオヒライソガニ属です（鈴木・成瀬　二〇一一）。

河口域は前述したように海水の影響を受けます。この海水の影響の強弱は河口域に生息するカニ類の分布に微妙に影響しています。タイワンヒライソモドキ、ヒメヒライソモドキやトゲアシヒライソガニモドキは、塩分の高い感潮域の海側で、かつ、砂礫など比較的粒子の大きな底質のところに生息します。一方、アゴヒロカワガニは感潮域の上部周辺に分布しています。このように河口域に生息する大型甲殻十脚類は海水の影響の微妙な違いに対してそれぞれの持つ塩分耐性などにより住み分けをしています。一方、食性に関してはほとんど違いはなく、概ね肉食系の雑食と考えられています。しかしながら、彼らがハサミに備えている軟毛の束がどのような役割、あるいは機能を持っているのかはまだ十分に解明されていません。

島嶼部に発達しているマングローブ林域では、その主樹はヒルギとオヒルギで、これらは気根をいたるところに出しています。そのため林内は粒径の小さい泥質、粘土質の粒子が厚く堆積する底質となっています。

このマングローブ林内に生息するオキナワアナジャコ（図14A）は、茶褐色の体色で不完全なハサミを持ち、体長一五五㎜になる大型の種で、甲は全体に無毛平滑で円筒形を呈しており、腹部はやや扁平です。国内では琉球列島に分布し、奄美大島が北限となっています。国外ではインド〜西太平洋域に広く分布しています。本種は軟泥底林内の潮間帯上部に高さ一mに達するチム

図 14　半陸域（マングローブ林）の大型甲殻十脚類。A オキナワアナジャコ、B オキナワアナジャコの巣を利用するクロベンケイガニ、C オキナワハクセンシオマネキ、D シモフリシオマネキ、E アリアケモドキ、F アミメノコギリガザミ。

ニー型の巣、すなわち塚を作ります。この塚は地上部は一m程ですが、地下部はループ状になっていて、それに続いて時には二m近く深く掘り下げられています。夜行性で、夜間塚を上ってきて塚の増築や修復をします。塚の先端周辺に湿った真新しい泥が見られるのは修復、あるいは増築した後で、住人がいる証拠です。オキナワアナジャコのいなくなった塚は常に乾燥した状態となり、クロベンケイガニやハマガニが再利用していることもあります（図14B）。

オキナワハクセンシオマネキは（図14C）、マングローブ林内外の両地域にみられます。近年、奄美大島の手花部のマングローブ林においてシモフリシオマネキ（図14D）が生息することが報告されました（鈴木ほか　二〇一五）。オキナワハクセンシオマネキは、国外ではフィリピン、東インド諸島、ニューギニア、ソロモン、フィジー、ニューヘブリデスに分布し、国内では奄美大島以南の琉球列島から報告されています。シモフリシオマネキは、甲幅一六㎜程度の小型種で、甲の後半が黒色、前半が白色~灰色で黒色の点が散在します。また、ハサミ脚や歩脚は灰色と黒の斑模様となる美しい種です。国外では、西部太平洋地域に広く分布し、国内では奄美大島、沖縄島、久米島、石垣島、西表島から報告されています。

また、ヤエヤマシオマネキ（図7D、7E）やアリアケモドキ（図14E）も、マングローブ林内外や澪筋の比較的泥質や粘土質の堆積する場所にも生息しています。これらの種にとってはマングローブ林の存在よりも底質の粒度組成の方が重要と思われます。

ヤエヤマシオマネキは、甲幅二二㎜の種で、ハサミ外面の中央から下縁にかけて濃いこげ茶色の色帯が縦に走り、上縁及び上縁に近い面は縦に淡青色を示します。若い個体の甲背面は青色斑を示すこともあります。国外では、フィリピン、インドネシア、パラオ、ニューギニア、オーストラリアなどに分布し、国内では奄美大島以南の琉球列島から報告されています。

アリアケモドキは、甲幅一七㎜程度の種で、甲は横長の六角形を呈し、甲背面中央には明瞭な稜線があります。北海道から沖縄まで報告されていますが、遺伝的には三つの個体群に分かれることが知られています。奄美大島の個体群はその一つです。

以上はマングローブ林内外に生息する主な甲殻十脚類ですが、マングローブ林内をねぐらとするものもいます。水産的にも有用な甲幅一五五㎜以上になるノコギリガザミ類です。日本で見られるノコギリガザミ類には現在三種が知られていますが、奄美群島ではアミメノコギリガザミ(図14F)が多く見られます。本種は、ハサミ脚や歩脚(遊泳脚《ゆうえいきゃく》を含む)に見られる黒い網目模様、額中央の四歯の形状、及びハサミ脚腕節の外側に位置する棘の数と形状により、他の二種と区別されます。ノコギリガザミ類はマングローブの根元に巣穴を掘って、昼は巣穴に潜み、夜巣穴から出て摂餌などの活動をする夜行性です。

VI　特異な環境（たぎり、地下水系（洞窟・湧水池）、アンキアライン）と大型甲殻十脚類

1　地下水系（暗川《くらごー》、洞窟、湧水池）の大型甲殻十脚類

南西諸島の島々には隆起礁原が元になってできた島（喜界島、沖永良部島など）や島の一部が隆起礁原である島（徳之島など）があります。これら石灰岩（サンゴ礁）の部分は水の浸透により鍾乳洞や暗川が形成され、また、多くの湧水池などを作ります。これら、暗川や湧水池にも独特のエビ・カニ類が生息します。すなわち、チカヌマエビ（図15A）、ドウクツヌマエビ（図15B）、アシナガヌマエビ（図15C）、クラヤミヌマエビ（仮称）、サキシマヌマエビ（図15D）、オハグロテッポウエビ（図15E）、ドウクツベンケイガニ（図15F）です。

チカヌマエビは体長一四㎜程度で、額角は短く眼の先端まで達せず、歯はありません。眼はかなり退化していますが、角膜部に小さい色素が認められます。頭胸甲は細長いです。全ての胸脚に外肢を欠きます。第一胸脚は他の脚より短く、その腕節の前縁は凹んでいます。体色はほぼ透

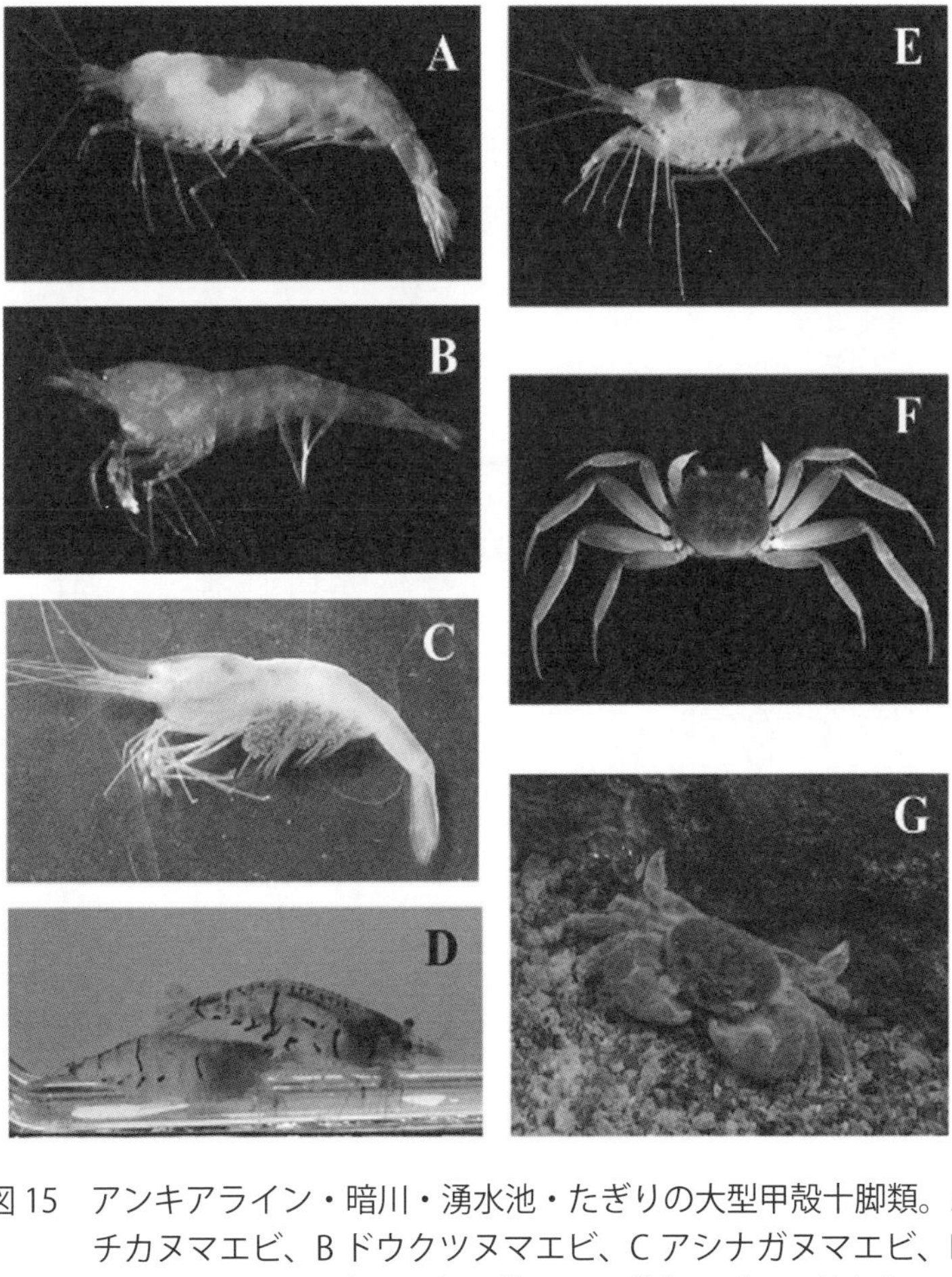

図15　アンキアライン・暗川・湧水池・たぎりの大型甲殻十脚類。A チカヌマエビ、B ドウクツヌマエビ、C アシナガヌマエビ、D サキシマヌマエビ、E オハグロテッポウエビ、F ドウクツベンケイガニ、G タイワンホウキガニ (A,B,E,F の写真提供。沖縄県立芸術大　藤田喜久氏)

明で、内臓が透けて見える場合もあります。本種の生息は、従来、沖縄諸島以南の海水の侵入する井戸や洞窟で確認されていましたが、最近の研究で、与論島での生息も確認されています（小林ほか　二〇一九）。

ドウクツヌマエビは体長一九㎜程度の種で、額角は尖り眼柄よりも長く第一触角柄部《しょっかくへいぶ》第一節を超えるが歯はありません。チカヌマエビ同様眼は退化していますが角膜部に色素はあります。全ての胸脚には外肢があります。体色は鮮赤色を示します。本種は、従来、宮古諸島以南のアンキアライン（11ページ参照のこと）からその生息が報告されていました。近年の研究で、本種が徳之島及び沖永良部島にも生息することが明らかにされました（藤田ほか　二〇一九）。

アシナガヌマエビは体長二五㎜前後で、額角はほぼ真直ぐ、上縁は水平で二五〜三二個の小さい歯があり、後方の一〇〜一二個は眼窩より後ろの頭胸甲上にあります。下縁には一一〜二三個の歯が密にならんでいます。眼はやや退化していますが、角膜部には色素が見られ、眼柄は短く、丈夫です。体色は透明で、赤色、桃色などの色素を持っています。沖永良部島以南の海水の入ってくる洞窟や井戸から採集されています。

サキシマヌマエビは体長二〇〜三〇㎜で、額角は短くほとんどまっすぐで、上下両縁の先端近くに四〜六個の非常に小さく、一部では不明瞭な歯があります。生時は、体が透明で、大小さまざまな灰色がかった青色の模様がみられ、喜界島以南の地下水系に生息しています。本種の生活史は、喜界島における継続的な研究でかなり解明されましたが（Anila *et al.* 2011）、幼生の発育場所など初期生活史についてはまだ不明な点が多く残されています。

クラヤミヌマエビ（仮称）は体長二一㎜ほどの種で、額角は短く第一触角柄部第二節基部をわずかに超える程度で上縁に四歯、下縁に五歯あります。本種は宮古島のアンキアラインや地下水系に生息しますが、最近、与論島でも確認されました（藤田ほか 二〇一九）。現在、分類学的研究が進められています。

オハグロテッポウエビは体長二三㎜ほどで外骨格は薄く脆いです。額角は短く尖り、眼上棘も短く尖っています。眼はその他のテッポウエビ類同様にほとんど頭胸甲に隠れます。体色は赤橙色を呈し、和名の由来ともなった大顎に一対の黒色斑があります。本種もアンキアラインを生息場としているようです。沖永良部島以南に広く分布しています。

ドウクツベンケイガニは甲幅二〇㎜程度の比較的小型の種で、頭胸甲は後方に広がっています。眼は縮小傾向を示し、眼及び眼柄は眼窩に完全に収まります。眼窩外歯は前方に張り出し、その直後の歯との間には深いV字状の切れ込みがあります。歩脚は極めて長く、特に第三歩脚は甲幅の三倍近くになります。本種は洞窟性の種で、アンキアライン周辺の陸域に生息しています。その分布は従来先島諸島以南とされていましたが、近年、徳之島及び沖永良部島でもその生息が確認されました（藤田・藤井　二〇一九、藤田・成瀬　二〇一六）。

2　たぎり（火山性噴気）の大型甲殻十脚類

南西諸島には、桜島を皮切りに、薩摩硫黄島、口永良部島、口之島、中之島、諏訪之瀬島、悪石島、そして硫黄鳥島と、霧島火山帯に属し、現在も活発に活動している活火山の島があります（図1）。しかもその周辺海域では、二酸化炭素や硫黄化合物を含む火山性噴気が海中の至る所から噴出しています。鹿児島ではこのガスが噴出している様子が水の沸騰にたとえられることから、このような噴出状態や場所を「たぎり」と呼んでいます。この「たぎり」には独特のカニ類すなわちホウキガニ類が生息しています。

一九七三年、小笠原諸島西之島周辺海域で火山活動が活発化し、海面上に、後の西之島新島と呼ばれる島嶼が形成されました。一九七五年に浅瀬の温水が噴き出る転石間からカニが採集され、新属新種のニシノシマホウキガニとして記載されました（Takeda and Kurata 1977）。その後、一九九二年、鹿児島県十島村悪石島及び東京都北硫黄島でニシノシマホウキガニの生息が報告されました（武田ほか　一九九三）。

現在、ホウキガニ属は三種が報告されており、東京都小笠原諸島西之島及び北硫黄島周辺海域からニシノシマホウキガニ、台湾北部亀山島周辺海域からタイワンホウキガニ及びニュージーランド領ケルマディック諸島周辺海域から *Xenograpsus ngatama* が報告されています（McLay 2007, Ng *et al.* 2000, Takeda and Kurata 1977）。その後の研究により、南西諸島の悪石島、口之島、口永良部島、昭和硫黄島（薩摩硫黄島に隣接する無人島）にはタイワンホウキガニが生息していることが明らかになりました（Ng *et al.* 2014）。その他のたぎりではまだ本種の生息は確認されていません。

タイワンホウキガニ（図15G）は甲幅二五㎜ほどの、赤さび色をした小さなカニで、ハサミの先端に短い毛がホウキ状に並んで生えており、これが本種の名前の由来となっています。同時に、このホウキ状の短毛はホウキガニ属の共通の特徴でもあります。本種の生態については二〇一二年から研究が始まり、生息環境として水質が pH 六・四（火山性噴気の噴出口）で通常の海水の pH 八・三をはるかに下回ること、地温が四〇度以上であること、寿命が二年前後であることなどが明らかにされています。しかし、本種を水温二四〜二五度の掛け流しで飼育しても十分生存し、かつ三年近く生きることもわかってきて、本種の生理的適応範囲の広さや寿命の長いことなどが示唆されています。

VII　生物地理からみた鹿児島の面白さ

これまで述べてきたように生息地の地理的位置、地形や海況の特性、更に島嶼や陸水域の規模などは、九州島から南西諸島の陸域、陸水域及びその周辺地域に生息する大型甲殻十脚類の存否に大きくかかわっていると考えられます。同時に旧北区や東洋区に起源を持つ種の混在も認められます（朝倉　二〇一一）。また、黒潮が運ぶ南方系の通し回遊種幼生の移入などによる新たな種の定着と北上もあります。さらに、止水域がほとんどないことは、エビ類における種分化の低さや、止水域を好む種（たとえばカワリヌマエビ属）が少ないことを示しています。反面、隆起礁原を持つ島嶼が多い本地域では、アンキアラインのような特異な環境に生息する種の生息も報告されています。更に、純淡水種であるサワガニ類ではこれら島嶼が海で隔離されることによる多様な種分化が示されました。

これらのことを念頭に、九州島から南西諸島における大型甲殻十脚類の出現状況から鹿児島県の生物地理学的特徴を検討しました。ただし、すべての種を網羅できず、あくまでも主だった種に基づいた検討であることをご容赦願いたいと思います。

今回対象として取り上げた大型甲殻十脚類は、正確な種数でないことを前提に言えば、一一科、五七属、一四一種になります。（表1　鹿児島大学生物多様性研究会　二〇一九、駒井二〇一四、西島監修　二〇〇四、鈴木　二〇一六、鈴木・成瀬　二〇一一、鈴木・佐藤　一九九四）。

これらの種は緯度が高くなるにつれ種数が減る傾向があり、沖縄諸島が一〇一種、八重山諸島が九八種、奄美群島が九四種、そして宮古諸島及び大隅諸島が六四種を示しました。ヌマエビ科の三種（ミナミヌマエビ、イシガキヌマエビ、イリオモテヌマエビ）やテナガエビ科のショキタテナガエビ及びサワガニ科カニ類二四種は純淡水産の種であるため海を越えて移動できないので、各島嶼での遺伝的隔離が起き、その結果、島嶼固有の種がほとんどとなっています。諸島群島間で種数に差が見られるのは、諸島群島を構成する島嶼の数の違いや島嶼の大きさとその地史、さらには研究の実施量などにもよると考えられます。沖縄県の二〇種には及びませんが、鹿児島県には九種が分布しており、島嶼の存在が生物相の豊かさを支えている一つの要因と言えます。

陸水域及び半陸生も含めた陸域に生息する大型甲殻十脚類は一〇科五二属一一三種で（林二〇一一、鈴木　二〇一六）、これらの幼生は全て孵化後海域で成育しメガロパ期で汽水域あるいは潮間帯上部に戻ってきます。したがって、海流などにより海域に広く分散することが可能です。各種の出現状況を見ると、九州島から南西諸島に広く分布する種が四四種（三八・六％）、大

大隅諸島	トカラ列島	奄美群島	沖縄諸島	宮古諸島	八重山諸島	台湾	生　息　地
-	-	+	-	+	+	+	洞窟性、陸水産
+	+	+	+	-	+	-	陸水産
-	-	+	+	+	+	+	洞窟性、陸水産
+	+	+	+	-	+	+	陸水産
-	-	+	+	-	+	+	陸水産
+	+	+	+	+	+	+	陸水産
+	-	+	+	-	+	+	陸水産
+	+	+	+	-	+	+	陸水産
+	-	+	+	+	+	+	陸水産
+	-	+	+	-	+	+	陸水産
-	-	+	+	-	+	+	陸水産
-	-	+	+	+	+	+	地下水系産、陸水産
-	-	+	+	+	-	+	地下水系産、陸水産
-	-	-	+	-	-	+	陸水産
-	-	-	+	-	+	+	陸水産
-	-	-	-	-	+	+	陸水産（汽水域）
-	-	+	-	+	-	-	洞窟性
-	-	-	-	-	-	-	純淡水産、陸水産
-	-	-	-	-	+	-	純淡水産、陸水産
-	-	-	-	-	+	-	純淡水産、陸水産
+	-	+	+	-	-	-	陸水産
+	-	+	+	-	+	+	陸水産（汽水域）
+	-	-	+	-	+	-	陸水産（汽水域）
-	-	+	+	-	+	-	陸水産（汽水域）
-	-	-	-	-	-	-	陸水産
+	+	+	+	-	+	+	陸水産
+	+	+	+	+	+	+	陸水産
+	+	+	+	+	+	+	陸水産
+	-	+	+	+	+	+	陸水産
+	-	-	+	-	+	+	陸水産
+	-	+	+	+	+	+	陸水産
+	-	+	+	-	+	+	陸水産
+	-	-	+	-	+	+	陸水産
-	-	+	+	-	+	+	陸水産
-	-	-	+	-	+	+	陸水産
-	-	-	-	+	-	-	洞窟性
-	-	-	-	-	+	+	陸水産
-	-	-	-	-	+	-	純淡水産、陸水産
-	-	-	-	-	+	-	陸水産
-	-	-	+	+	+	+	陸産、飛沫転石帯
-	-	+	+	+	+	+	陸産、飛沫転石帯
+	+	+	+	+	+	+	陸産、飛沫転石帯
-	-	+/-	+	+	+	+	陸産
+	+	+	+	+	+	+	陸産、飛沫転石帯
-	+	+	+	+	+	+	陸産、飛沫転石帯
+	+	+	-	-	-	-	陸産

表１　九州島および南西諸島における大型甲殻十脚類の出現状況。

科	和名	学名	九州島	甑列島	宇治群島
ヌマエビ科	ドウクツヌマエビ	*Antecaridina lauensis*	-	-	-
Atyidae	ヌマエビ	*Paratya compressa*	+	-	-
	チカヌマエビ	*Halocaridinides trigonophthalma*	-	-	-
	オニヌマエビ	*Atyopsis spinipes*	+	-	-
	ミナミオニヌマエビ	*Atyoida pilipes*	-	-	-
	トゲナシヌマエビ	*Caridina typus*	+	+	-
	ミゾレヌマエビ	*C. leucosticta*	+	-	-
	ヤマトヌマエビ	*C. multidentata*	+	+	+
	ヒメヌマエビ	*C. serratirostris*	+	-	-
	ツノナガヌマエビ	*C. grandirostris*	+	-	-
	コテラヒメヌマエビ	*C. celebensis*	-	-	-
	サキシマヌマエビ	*C. prashadi*	-	-	-
	アシナガヌマエビ	*C. rubella*	-	-	-
	ナガツノヌマエビ	*C. gracilirostris*	-	-	-
	リュウグウヒメエビ	*C. laoagensis*	-	-	-
	マングローブヌマエビ	*C. propinqua*	-	-	-
	クラヤミヌマエビ	*C.* sp	-	-	-
	ミナミヌマエビ	*Neocaridina denticulata*	+	-	-
	イシガキヌマエビ	*N. ishigakiensis*	-	-	-
	イリオモテヌマエビ	*N. iriomotensis*	-	-	-
テナガエビ科	スジエビ	*Palaemon (P.) paucidens*	+	-	-
Palaemonidae	フトユビスジエビ	*P. (P.) macrodactylus*	-	-	-
	イッテンコテナガエビ	*P. (P.) concinnus*	-	-	-
	スネナガエビ	*P. (P.) debilis*	-	-	-
	テナガエビ	*Macrobrachium nipponense*	+	-	-
	ザラテテナガエビ	*M. australe*	+	-	-
	ヒラテテナガエビ	*M. japonicum*	+	+	-
	コンジンテナガエビ	*M. lar*	+	-	-
	ミナミテナガエビ	*M. formosense*	+	-	-
	コツノテナガエビ	*M. latimanus*	+	-	-
	オオテナガエビ	*M. grandimanus*	-	-	-
	スベスベテナガエビ	*M. equidens*	-	-	-
	ツブテナガエビ	*M. gracilirostre*	-	-	-
	ネッタイテナガエビ	*M. plasidulum*	-	-	-
	ヒラアシテナガエビ	*M. latidactylus*	-	-	-
	ウリガーテナガエビ	*M. miyakoense*	-	-	-
	カスリテナガエビ	*M. lepidactyloides*	-	-	-
	ショキタテナガエビ	*M. shokitai*	-	-	-
	チュラテナガエビ	M. sp.	-	-	-
オカヤドカリ科	オオナキオカヤドカリ	*Coenobita brevimanus*	-	-	-
Coenobitidae	オカヤドカリ	*C. cavipes*	-	-	-
	ムラサキオカヤドカリ	*C. purpureus*	+	-	-
	コムラサキオカヤドカリ	*C. violascens*	-	-	-
	ナキオカヤドカリ	*C. rugosus*	-	-	-
	ヤシガニ	*Birgus latro*	-	-	-
オウギガニ科	イボイワオウギガニ	*Eriphia ferox*	+	+	+/-

+	+	+	+	+	+	+	半陸生
-	-	+	+	+	+	+/-	海産
-	-	+	+	+	+	+/-	海産
-	+	+	+	+	+	+	陸産、飛沫転石帯
-	-	+	+	+	+	+	陸産、飛沫転石帯
-	-	+	+	+	+	+	陸産、飛沫転石帯
+	-	+	+	+	+	+	陸産、飛沫転石帯
-	-	+	+	+	+	+	陸産、飛沫転石帯
-	-	+	+	+	+	+	陸産、飛沫転石帯
-	-	+	+	+	+	+	陸産、飛沫転石帯
+	+	+	+	+	+	+	陸産、飛沫転石帯
-	-	-	-	-	+	+	陸産
+	+	+	+	+	+	+	陸水産、飛沫転石帯
+	-	+	+	-	-	+	半陸生、陸水産
-	-	+	+	-	-	-	半陸生、陸水産
+	-	+	+	-	-	+	半陸生、陸水産
+/-	-	+	-	-	-	+/-	半陸生、飛沫転石帯
+	-	+	-	-	-	-	半陸生
-	-	+	-	-	-	+	半陸生、飛沫転石帯
-	-	+	+	+	+	+	半陸生、飛沫転石帯
+	+	+	+	+	+	+	半陸生
-	-	+	+	+	+	+	半陸生、飛沫転石帯
+	+	+	+	+	+	+	半陸生、飛沫転石帯
+	-	+	+	-	+	+	陸水産（汽水域）
+	-	+	-	-	+	+	陸水産（汽水域）
+	-	+	-	-	+	+	陸水産（汽水域）
+	-	+	-	-	+	+	陸水産（汽水域）
-	-	-	+	-	-	-	陸水産（汽水域）
-	-	+	+	-	-	-	陸水産（汽水域）
+	-	-	-	-	+	+	陸水産（汽水域）
-	-	+	+	-	+	+	陸水産（汽水域）
+	-	+	+	-	+	+	陸水産
-	-	+	+	+	+	+	陸水産
+	+	+	+	+	+	+	陸産
-	-	-	-	-	+	+	洞窟性、飛沫転石帯
+	+	+	+	+	+	+/-	陸産、飛沫転石帯
-	-	+	+	+	+	-	陸産、飛沫転石帯
-	-	+	+	+	+	+/-	陸産、飛沫転石帯
-	-	-	-	-	+	+	陸産、飛沫転石帯
+	+/-	+	+	+	+	+/-	陸産、飛沫転石帯
+	+	+	+	+	+	+	陸産、飛沫転石帯
+	+	+	+	+	+	+	陸産、飛沫転石帯
+	+	+	+	+	+	+	陸産、飛沫転石帯
+	-	-	+	+	+	+	陸産

Xithntidae	スベスベマンジュウガニ	*Atergatis floridus*	+	+	+/-
	ウモレオウギガニ	*Zosymus aeneus*	-	-	-
	ツブヒラアシオウギガニ	*Platypodia granulosa*	-	-	-
オカガニ科 Gecarcinidae	オカガニ	*Discoplax hirtipes*	-	-	-
	ヘリトリオカガニ	*D. rotunda*	-	-	-
	ミナミオカガニ	*Cardisoma carnifex*	-	-	-
	ヒメオカガニ	*Epigrapsus notatus*	-	-	-
	ヤエヤマヒメオカガニ	*E. politus*	-	-	-
	ムラサキオカガニ	*Gecarcoidea lalandii*	-	-	-
イワガニ科 Grapsidae	オオカクレイワガニ	*Geograpsus crinipes*	-	-	-
	カクレイワガニ	*G. grayi*	+	+	+
	アカカクレイワガニ	*G. stormi*	-	-	-
モクズガニ科 Varunidae	モクズガニ	*Eriocheir japonicus*	+	+	+/-
	ヒライソガニ	*Gaetice depressus*	+	-	-
	オキナワヒライソガニ	*G. ungulatus*	-	-	-
	ケフサイソガニ	*Hemigrapsus penicillatus*	+	-	-
	ヒメケフサイソガニ	*H. sinensis*	+/-	-	-
	アシハラガニ	*Helice epicure*	+	-	-
	ヒメアシハラガニ	*Helicana japonica*	-	-	-
	ミナミアシハラガニ	*Pseudohelice subquadrata*	+	-	-
	ハマガニ	*Chasmagnathus convexus*	+	+	+
	ミナミアカイソガニ	*Cyclograpsus integer*	-	-	-
	アカイソガニ	*C. intermedius*	+	+	+
	トゲアシヒライソガニモドキ	*Parapyxidognathus deianira*	+	-	-
	アゴヒロカワガニ	*Ptychognathus altimanus*	+	-	-
	ケフサヒライソモドキ	*P. barbatus*	+	-	-
	タイワンヒライソモドキ	*P. ishii*	+	-	-
	ヒメヒライソモドキ	*P. capillidigitatus*	+	-	-
	ハチジョウヒライソモドキ	*P. hachijyoensis*	-	-	-
	ニセモクズガニ	*Utica gracilipes*	-	-	-
	ヒラモクズガニ	*U. borneensis*	-	-	-
	オオヒライソガニ	*Varuna litterata*	+	-	-
	タイワンオオヒライソガニ	*V. yui*	+	-	-
ベンケイガニ科 Sesarmidae	クロベンケイガニ	*Chiromantes dehaani*	+	+	+/-
	マルガオベンケイガニ	*C. leptomerus*	-	-	-
	アカテガニ	*C. haematochir*	+	+	+/-
	リュウキュウアカテガニ	*C. ryukyuanum*	-	-	-
	フジテガニ	*Clistocoeloma villosum*	+/-	-	-
	ハマベンケイガニ	*Metasesarma aubryi*	-	-	-
	イワトビベンケイガニ	*M. obesum*	-	-	-
	カクベンケイガニ	*Parasesarma pictum*	+	+	+/-
	フタバカクガニ	*Perisesarma bidens*	+	+	+/-
	ベンケイガニ	*Sesarmops intermedium*	+	+	+/-
	タイワンベンケイガニ	*S. impressum*	-	-	-

+/-	+/-	+	+/-	+/-	+	+/-	陸産
-	-	+	+	+	+	+/-	陸産
-	-	+	+/-	+/-	+	+/-	洞窟性
+	-	+	+	+	+	+	半陸生
+	+	-	-	-	-	-	純淡水産、陸水産
-	-	-	-	-	-	-	純淡水産、陸水産
-	-	-	-	-	-	-	純淡水産、陸水産
+	-	-	-	-	-	-	純淡水産、陸水産
+	-	-	-	-	-	-	純淡水産、陸水産
-	+	+	+	-	-	-	純淡水産、陸水産
-	-	+	-	-	-	-	純淡水産、陸水産
-	-	-	+	-	-	-	陸産、(陸水産)
-	-	-	+	-	-	-	陸産、(陸水産)
-	-	-	+	-	-	-	陸産、(陸水産)
-	-	-	+	-	-	-	陸産、(陸水産)
-	-	-	+	-	-	-	純淡水産、陸水産
-	-	-	+	-	-	-	陸産、(陸水産)
-	-	-	+	-	-	-	純淡水産、陸水産
-	-	-	-	+	-	-	純淡水産、陸水産
-	-	-	-	-	+	-	純淡水産、陸水産
-	-	-	-	-	+	-	純淡水産、陸水産
-	-	-	-	-	+	-	純淡水産、陸水産
-	-	+	-	-	-	-	半陸生、陸水産
-	-	-	+	-	-	-	半陸生、陸水産
-	-	-	+	-	-	-	半陸生、陸水産
-	-	-	+	-	-	-	半陸生、陸水産
-	-	-	+	-	-	-	半陸生、陸水産
-	-	-	-	-	+	-	陸産、陸水産
+	+/-	+	+	-	+	-	半陸生
+	+/-	+	+	+	+	-	半陸生
-	-	+	+	+	+	-	半陸生
+	+	+/-	-	-	-	-	半陸生
+/-	-	+	+	+	+	-	半陸生
+	+	+	+	+	+	+	半陸生
+	+	+	+	+	+	+	半陸生
+	-	-	-	-	-	+	半陸生
+	+/-	+	+	+/-	+/-	+	半陸生
-	-	+	+	+/-	+	+	半陸生
-	-	+	+	+/-	+	+	半陸生
-	-	+	+	+	+	+	半陸生
+	+	+	+	+	+	+	半陸生

	ユビアカベンケイガニ	*Parasesarma tripectinus*	+	+/-	+/-
	ヒメアシハラガニモドキ	*Neosarmatium indicum*	-	-	-
	ドウクツベンケイガニ	*Karstarma boholano*	-	-	-
ミナミコメツキガニ科 Mictyridae	ミナミコメツキガニ	*Mictyris guinota*	-	-	-
サワガニ科 Potamonidae	サワガニ	*Geothelphusa dehaani*	+	+	-
	ミカゲサワガニ	*G. exigua*	+	-	-
	コシキサワガニ	*G. koshikiensis*	-	+	-
	ミシマサワガニ	*G. mishima*	-	-	+
	ヤクシマサワガニ	*G. marmorata*	-	-	-
	サカモトサワガニ	*G. sakamotoana*	-	-	-
	リュウキュウサワガニ	*G. obtusipes*	-	-	-
	トカシキオオサワガニ	*G. levicervix*	-	-	-
	オキナワオオサワガニ	*G. grandiovata*	-	-	-
	クメジマオオサワガニ	*G. kumejima*	-	-	-
	イヘヤオオサワガニ	*G. iheya*	-	-	-
	アラモトサワガニ	*G. aramotoi*	-	-	-
	ヒメユリサワガニ	*G. tenuimanus*	-	-	-
	ケラマサワガニ	*G. amagui*	-	-	-
	ミヤコサワガニ	*G. miyakoensis*	-	-	-
	カッショクサワガニ	*G. marginata fulva*	-	-	-
	ムラサキサワガニ	*G. marginata marginata*	-	-	-
	ミネイサワガニ	*G. minei*	-	-	-
	アマミミナミサワガニ	*Amamiku amamense*	-	-	-
	カクレサワガニ	*A. occulta*	-	-	-
	オキナワミナミサワガニ	*Candidiopotamon okinawense*	-	-	-
	クメジマミナミサワガニ	*C. kumejimense*	-	-	-
	トカシキミナミサワガニ	*C. tokashikense*	-	-	-
	ヤエヤマヤマガニ	*Ryukyum yaeyamense*	-	-	-
スナガニ科 Ocypodidae	チゴガニ	*Ilyoplax pusilla*	+	+	+/-
	チゴイワガニ	*Ilyograpsus nodulosus*	+	+/-	+/-
	ツノメチゴガニ	*Tmethypocoelis choreutes*	-	-	-
	コメツキガニ	*Scopimera globosa*	+	+	+/-
	リュウキュウコメツキガニ	*S. ryukyuensis*	-	-	-
	ツノメガニ	*Ocypode ceratophthalma*	+	+	+/-
	ミナミスナガニ	*O. cordimanus*	+	+	+/-
	ハクセンシオマネキ	*Austruca lactea*	+	+/-	+/-
	オキナワハクセンシオマネキ	*A. perplexa*	-	-	-
	シモフリシオマネキ	*A. triangularis*	-	-	-
	ヤエヤマシオマネキ	*Tubuca dussumieri*	-	-	-
	リュウキュウシオマネキ	*T. coarctata*	-	-	-
	ヒメシオマネキ	*Gelasimus vocans*	+	+	+

-	-	+	+	+	+	+	半陸生
-	-	+/-	+	+	+	-	半陸生
+	+/-	+	+	+	+	+	半陸生
+	-	-	-	-	-	+	半陸生
+	-	-	-	-	-	-	半陸生
-	-	+	-	-	-	+	半陸生
-	-	+	+	+	+	+/-	半陸生
+	+/-	+	+	+	+	+/-	半陸生
+/-	+/-	+	+	-	-	-	半陸生
+	+/-	+	-	-	-	-	半陸生
64	37	94	101	64	98	90	

（鈴木　2019を改変）

隅諸島を南限もしくは北限とする種がそれぞれ二種（一・七％）ならびに一五種（一三・二％）、奄美群島を南限もしくは北限とする種がそれぞれ三種（二・六％）ならびに三七種（三二・五％）、沖縄諸島を南限もしくは北限とする種が二種（一・七％）ならびに五種（四・四％）、宮古・八重山諸島を北限とする種が六種（五・三％）でした。すなわち、①九州島～南西諸島全域に生息する種、②大隅海峡（三宅線）が境界線となる種、③トカラ海峡（渡瀬線）が境界線となる種、④奄美群島～沖縄諸島間の海域が境界線となる種、⑤宮古海峡（蜂須賀線）が境界線となる種、そして⑥宮古・八重山諸島以南に生息する種が確認できます。このように陸水産及び陸産（半陸産も含む）大型甲殻十脚類の分布でも、既存の生物地理学的境界線が当てはまる種が多く確認できます。これは、境界線の設定される海域が水深の深い海峡であったり、島嶼の位置と海底地形の影響で海水の流れが複雑に変化する場所となり、ここで浮遊幼生の移動、分散が強く影響されている事、九

ルリマダラシオマネキ	*G. tetragonon*	-	-	-
ミナミヒメシオマネキ	*G. jocelynae*	-	-	-
ベニシオマネキ	*Paraleptuca crassipes*	-	-	-
オサガニ	*Macrophthalmus abbreviatus*	+	-	-
ヤマトオサガニ	*M. japonicus*	+	+	-
ヒメヤマトオサガニ	*M. banzai*	+/-	-	-
フタハオサガニ	*M. convexus*	-	-	-
メナガオサガニ	*M. serenei*	+	+	+/-
ヒメメナガオサガニ	*M. microfylacas*	+	+/-	+/-
アリアケモドキ	*Deiratonotus cristatus*	+	+	+/-
種数（含む　+/-)		56	28	24

+/-；　未発表、もしくは未調査ながら生息の可能性が高い

州島～南西諸島が温帯から亜熱帯地域に位置しているために冬季の気温や地温に島嶼間で相違があるためと考えられます。

各種の分布をもう少し細かく見ると、三宅線、渡瀬線、蜂須賀線を南限とする東アジアを中心に分布する種は七種で、これに南西諸島全域に生息する東アジアが分布の中心であるヌマエビを加えても全体の六・〇％と少ないです。これに対し、各境界線及び海域を北限とする種は六三種が認められ全体の五五・四％を占めます。つまり、九州島～南西諸島に生息する陸水産・陸産大型甲殻十脚類の半数以上は東南アジア～西太平洋に分布する種ということです。これらの生活史は前述したように、すべてその幼生は海域で浮遊生活をしながら成長し、彼らの分布には幼生の海流による移送が重要な要素となり、南西諸島に北限を持つ多くの種にとっては黒潮が重要な分布制限要因であることを示唆しています。ただ、黒潮の本流は台湾の東側から東シナ海に入り、トカラ海峡で東進するまでは南西諸島の西側を流れるので、奄美群島から沖

縄諸島の太平洋側ではこの黒潮に対する反流が想定されています（Thoppil *et al.* 2016）。この流れが、東アジアを分布中心とする七種の南限が南西諸島に形成される一要因と考えられます。

ところで、分布の北限を示す種数は奄美群島が最も多く、ついで大隅諸島が多い事は、本地域の陸水域や陸域に生息する大型甲殻十脚類の分布域が南から北へと緩やかに動いていることを暗示させるものです。近年の本地域の平均気温や冬季の気温の緩やかな上昇を考慮すると、今後、北限種が増加し、かつその境界線も北上していくと考えられます。

以上述べてきたように、鹿児島県は、陸域・陸水域の大型甲殻十脚類の生息分布から見てとても興味深いところです。それ以上に、鹿児島県には隆起サンゴ礁に由来する洞窟やアンキアライン、そして火山に由来する「たぎり」などとても魅力的でユニークな環境が豊富にあり、それらを生息の場とする大型甲殻十脚類の生息も確認されています。今後もこれらの生息環境を精査すると同時に、今まで見過ごしてきた環境に注視することで、新たな発見が期待されます。今後も鹿児島県を研究の場とした大型甲殻十脚類の生物地理学的研究の発展を期待してペンを置きたいと思います。

VIII　参考文献

朝倉　彰（二〇一一）1.4 淡水産コエビ下目の生物地理．川井唯史・中田和義　編著．エビ・カニ・ザリガニ—淡水甲殻類の保全と生物学—．pp.76-102. 生物研究社．東京

Anila N.S., Suzuki H., Kitazaki M., Yamamoto T.,（2011）Reproductive aspects of two atyid shrimp *Caridina sakishimensis* and *Cardina typus* in head water streams of Kikai-jima Island, Japan. Journal of Crustacean Biology. (31) : 41-49.

Capistran-Barradas A., Mareno-Casasola P., Defeo O.(2006)Postdispersal fruit and seed remobval by the crab *Gecarcinus lateralis* in a coastal forest in Veracruz, Mexico. Biotropica. 38 : 203-209.

地学団体研究会生痕研究グループ（一九八九）現生及び化石の巣穴 - 生痕研究序説 -. 地団研専報 35 : 1 - 131.

藤田喜久・藤井琢磨（二〇一九）徳之島及び沖縄島からのドウクツベンケイガニの初記録．Fauna Ryukyuana 48:1-3.

藤田喜久・成瀬　貫（二〇一六）多良間島初記録のドウクツベンケイガニ.Fauna Ryukyuana 28: 23-27.

藤田喜久・砂川博秋（二〇〇八）多良間島の洞穴性及び陸性十脚甲殻類.宮古島市総合博物館紀要.12:53-80.

藤田喜久・上野大輔・鈴木廣志・渡久地　健（二〇一九）琉球列島与論島における地下水性ヌマエビ類3種の記録.Cancer 28:33-36.

林　健一（二〇一一）1.2 世界の淡水甲殻十脚類.川井唯史・中田和義　編著.エビ・カニ・ザリガニ—淡水甲殻類の保全と生物学—.pp. 8-38. 生物研究社.東京

伊藤信一・鈴木智和・小南陽亮（二〇一一）温帯海岸林における陸ガニの果実採食と種子散布.日本生態学会誌.61：123-131.

鹿児島県環境林務部自然保護課編（二〇一六）改訂・鹿児島県の絶滅のおそれのある野生動植物動物編.鹿児島市，401pp.

鹿児島大学生物多様性研究会編（二〇一九）奄美群島の水生生物—山から海へ　生き物たちの繋がり—　南方新社.鹿児島.245pp.

環境省自然環境局野生生物課編（二〇〇六）改訂・日本の絶滅のおそれのある野生生物-レッド

データブック-7クモ形類・甲殻類等、財団法人自然環境研究センター. 東京. 86pp.

小林大純・内田晃士・鈴木廣志・藤田喜久（二〇一九）琉球列島のアンキアライン洞窟におけるドウクツヌマエビの新分布記録. Fauna Ryukyuana 51: 9–12.

駒井智幸監修. 豊田幸詞・関慎太郎著（二〇一四）日本の淡水性エビ・カニ - 日本産淡水性・汽水性甲殻類１０２種 -. 誠文堂新光社. 東京. 255pp.

Komai T., Nagai T., Yogi A., Naruse T., Fujita Y., Shokita S. (2004) New records of four grapsoid crabs (Crustacea: Decapoda: Brachyura) from Japan, with notes on four rare species. Natural History Research 8(1): 33-63.

Lee M.A.B.（1985）The dispersal of *Pandanus tectorius* by land crab *Cardisoma carnifex*. Oikos. 45 : 169-173.

Matsuoka T. and Suzuki H. (2011) Setae for gill-cleaning and respiratory-water circulation of ten species of Japanese ocypodid crabs. Journal of Crustacean Biology 31(1): 9-25.

Matsuoka T., Suzuki H., and Archdale M. V. (2012) Morphological and Functional Characteristics of Setae involved in Grooming, Water Uptake and Water Circulation of the Soldier Crab *Mictyris guinotae* (Decapoda, Brachyura, Mictyridae). Crustaceana 85(8): 975-986.

Mclay C. L., (2007) New crabs from hydrothermal vents of the Kermadec Ridge submarine volcanoes, New Zealand: *Gandalfus gen*. nov. (Bythograeidae) and *Xenograpsus* (Varunidae) (Decapoda: Brachyura). Zootaxa 1524:1-22.

永江万作・鈴木廣志・藤田喜久・組坂遵治・上床雄史郎（二〇一〇）希少カニ類２種の種子島と屋久島における初記録 . Nature of Kagoshima 36：19-22.

成瀬 貫（二〇〇五）ヒメオカガニ .p.220. 沖縄県編 .「改訂・沖縄県の絶滅のおそれのある野生生物（動物編）レッドデータおきなわ」. 沖縄県 . 561pp.

Ng P.K.L., Nakasone Y., Kosuge T.（2000）Presence of the land crab, *Epigrapsus politus* Heller (Decapoda, Brachyura, Gecarcinidae) in Japan and Christmas Island, with a key to the Japanese Gecarcinidae. Crustaceana 73: 379-381.

Ng N. K., Huang J.-F., Ho P.-H.(2000) Description of a new species of hydrothermal crab, *Xenograpsus testudinatus* (Crustacea: Decapoda: Brachyura: Grapsidae) from Taiwan. National Taiwan Museum Special Publication Series 10: 191-199.

Ng N. K., Suzuki H., Shin H.-T., Dewa, S.-I. and Ng P. K. L.(2014) The hydrothermal crab, *Xenograpsus testudinatus* Ng, Huang and Ho, 2000 (Crustacea: Decapoda: Brachyura: Grapsidae)

in southern Japan. Proceedings of The Biological Society of Washington 127(2): 391-399.
西島信昇監修．西田　睦・鹿谷法一・諸喜田　茂充編著（二〇〇四）琉球列島の陸水生物．東海大学出版会．東京．572pp.
野口玉雄（一九九六）フグはなぜ毒をもつのか—海洋生物の不思議—.221pp.NHKブックス．768.日本放送協会．東京．
野元彰人・和田恵次（二〇〇四）奄美大島で採集されたヒメアシハラガニモドキ（ベンケイガニ科）．南紀生物 46 (1): 67-68.
O'Dowd D.J. and Lake P.S.（1991）Red crabs in rain forest, Christmas Island: removal and fate of fruits and seeds. Journal of Tropical Ecology 7：113-122.
Osawa M., Fujita Y.（2005）*Epigrapsus politus* Heller, 1862 (Crustacea: Decapoda: Brachyura: Gecarcinidae) from Okinawa Island, the Ryukyu Islands, with note on its habitat. Biological Magazine, Okinawa 43: 59-63.
諸喜田　茂充（一九七六）琉球列島の陸水産エビ類の分布と種分化について—Ｉ．琉球大学理工学部紀要（理学編）18：115-136.
諸喜田　茂充（一九七九）琉球列島の陸水エビ類の分布と種分化について‐Ⅱ．琉球大学理学部紀要　28：193-278.
諸喜田　茂充（一九八九）奄美大島の陸水産エビ類相と分布．環境庁自然保護局編，昭和63年度奄美大島調査報告書 pp. 267-275.
鈴木廣志（二〇〇二）エビ・カニ類．鹿児島の自然を記録する会編　川の生きもの図鑑 - 鹿児島の水辺から -．pp. 315-344. 南方新社，鹿児島
鈴木廣志（二〇一六）第3部　第7章　薩南諸島の陸水産エビとカニ - その種類と生物地理 -．鹿児島大学生物多様性研究会　編．奄美群島の生物多様性 - 研究最前線からの報告 -．pp. 278-347. 南方新社，鹿児島
鈴木廣志・藤田喜久・組坂遵治・永江万作・松岡卓司（二〇〇八）希少カニ類3種の奄美大島における初記録．CANCER 17: 5-7.
鈴木廣志・勝　廣光・常田　守（二〇一五）シモフリシオマネキの奄美大島における初記録．Nature of Kagoshima 41: 187-189.
鈴木廣志・成瀬　貫（二〇一一）1.3 日本の淡水産甲殻十脚類．川井唯史・中田和義　編著．エビ・カニ・ザリガニ―淡水甲殻類の保全と生物学―．pp. 39-73. 生物研究社．東京
鈴木廣志・佐藤正典（一九九四）かごしま自然ガイド　淡水産のエビとカニ．西日本新聞社．福岡．

141pp.

鈴木廣志・米沢俊彦（二〇一六）ヒメアシハラガニモドキ *Neosarmatium indicum* (A. Milne-Edwards, 1868) の奄美大島における初記録. Nature of Kagoshima 42: 453-455.

Takeda, M., and Kurata, Y. (1977) Crabs of the Ogasawara Islands IV. A Collection Made at the New Volcanic Island, Nishino-shima-shinto, in 1975. Bull. Nath. Sci. Mus., Ser. A (Zool). 3(2): 91-111.

武田正倫・武内浩司・菅沼弘行（一九九三）ニシノシマホウキガニの再発見. 自然環境科学. 6: 59-64.

Thoppil P.G., Metzger E.J., Hurlburt H.E., Smedstad O.M., Ichikawa H. (2016) The current system east of the Ryukyu Islands as revealed by global ocean reanalysis. Progress in Oceanography 1683:1-31.

安間繁樹（二〇〇一）琉球列島—生物の多様性と列島のおいたち. 東海大学出版会. 東京. 195pp.

刊行の辞

鹿児島大学は、本土最南端に位置する総合大学として、伝統的に南方地域の研究に熱心に取り組み、多くの研究に成果あげてきました。そのような伝統を基に、国際島嶼教育研究センターは鹿児島大学憲章に基づき、「鹿児島県島嶼域～アジア・太平洋島嶼域」における鹿児島大学の教育および研究戦略のコアとしての役割を果たす施設として、将来的には、国内外の教育・研究者が集結可能で情報発信力のある全国共同利用・共同研究施設としての発展を目指しています。

国際島嶼教育研究センターの歴史の始まりは、昭和五六年から七年間存続した南方海域研究センターで、その後昭和六三年から十年間存続した南太平洋海域研究センター、そして平成一〇年から十二年間存続した多島圏研究センターです平成二二年四月に多島圏研究センターから改組され、現在、国際島嶼教育研究センターとして鹿児島県島嶼からアジア太平洋島嶼部を対象に教育研究を行なっている組織です。

鹿児島県島嶼を含むアジア太平洋島嶼部では、現在、環境問題、環境保全、領土問題、持続的発展など多岐にわたる課題や問題が多く存在します。国際島嶼教育研究センターは、このような問題にたいして、文理融合的かつ分野横断的なアプローチで教育・研究を推進してきました。現在までの多くの成果を学問分野での発展のために貢献してきましたが、今後は高校生、大学生などの将来の人材への育成や一般の方への知の還元をめざしていきたいと考えています。この目的への第一歩が鹿児島大学島嶼研ブックレットの出版です。本ブックレットが多くの方の手元に届き、島嶼の発展の一翼を担えれば幸いです。

二〇二〇年一月

国際島嶼教育研究センター長

河合　渓

鈴木　廣志（すずき　ひろし）

［著者略歴］

1954年、東京都生まれ。1983年、九州大学大学院理学研究科後期博士課程単位取得退学。鹿児島大学水産学部助手、同助教授、同教授並びに同大学附属図書館長（兼務）を経て、2019年、同大学定年退職。現在、鹿児島県環境影響評価専門委員、鹿児島県文化財保護審議会委員、徳之島町地域おこし協力隊（環境教育専門員）。専門は甲殻類学、水圏生態学。

［主要著書］

『かごしま自然ガイド　淡水産のエビとカニ』西日本新聞社、1994年（共著）

「エビ・カニ類」鹿児島の自然を記録する会編『川の生きもの図鑑ー鹿児島の水辺からー』南方新社、315-344、2002年

「第2章全生活史を網羅した個体群動態学のすすめ　コメツキガニを例に」菊池泰二編『天草の渚　浅海性ベントスの生態学』東海大学出版会、33-58、2006年

「1.3日本の淡水産甲殻十脚類」川井唯史・中田和義編著『エビ・カニ・ザリガニ―淡水甲殻類の保全と生物学―』生物研究社、39－73、2011年

「第3部　第7章　薩南諸島の陸水産エビとカニ　－その種類と生物地理－」鹿児島大学生物多様性研究会編『奄美群島の生物多様性　研究最前線からの報告』南方新社、278－347、2016年

『奄美群島の水生生物　山から海へ　生き物たちの繋がり』南方新社、2019年（鹿児島大学生物多様性研究会編（責任編者；鈴木廣志））

鹿児島大学島嶼研ブックレット　No.12

エビ・ヤドカリ・カニから鹿児島を見る

2020年3月20日　第1版第1刷発行

著　者　鈴木　廣志
発行者　鹿児島大学国際島嶼教育研究センター
発行所　北斗書房

〒132-0024　東京都江戸川区一之江8の3の2（MMビル）
電話 03-3674-5241　FAX03-3674-5244
URL　Http//www.gyokyo.co.jp

定価は表紙に表示してあります

ISBN978-4-89290-051-8 C0040